日本音響学会 編

音響テクノロジーシリーズ**20**

音響情報ハイディング技術

博士（情報科学）　鵜木　祐史　　博士（情報科学）　西村　竜一

工 学 博 士　伊藤　彰則　　博士（芸術工学）　西村　　明

博 士（工 学）　近藤　和弘　　博士（情報科学）　薗田光太郎

共　著

コロナ社

発刊にあたって

　音響テクノロジーシリーズは 1996 年に発刊され，以来 20 年余りの期間に 19 巻が上梓された。このような長期にわたる刊行実績は，本シリーズが音響学の普及に一定の貢献をし，また読者から評価されてきたことを物語っているといえよう。

　この度，第 5 期の編集委員会が立ち上がった。7 名の委員とともに，読者に有益な書籍を刊行し続けていく所存である。ここで，本シリーズの特徴，果たすべき役割，そして将来像について改めて考えてみたい。

　音響テクノロジーシリーズの特徴は，なんといってもテーマ設定が問題解決型であることであろう。東倉洋一初代編集委員長は本シリーズを「複数の分野に横断的に関わるメソッド的なシリーズ」と位置付けた。従来の書籍は学問分野や領域そのものをテーマとすることが多かったが，本シリーズでは問題を解決するために必要な知見が音響学の分野，領域をまたいで記述され，さらに多面的な考察が加えられている。これはほかの書籍とは一線を画するところであり，歴代の著者，編集委員長および編集委員の慧眼の賜物である。

　本シリーズで取り上げられてきたテーマは時代の最先端技術が多いが，第 4 巻「音の評価のための心理学的測定法」のように汎用性の広い基盤技術に焦点を当てたものもある。本シリーズの役割を鑑みると，最先端技術の体系的な知見が得られるテーマとともに，音の研究や技術開発の基盤となる実験手法，測定手法，シミュレーション手法，評価手法などに関する実践的な技術が修得できるテーマも重要である。

　加えて，古典的技術の伝承やアーカイブ化も本シリーズの役割の一つとなろう。例えば，アナログ信号を取り扱う技術は，技術者の高齢化により途絶の危

機にある。ディジタル信号処理技術がいかに進んでも，ヒトが知覚したり発したりする音波はアナログ信号であり，アナログ技術なくして音響システムは成り立たない。原理はもちろんのこと，ノウハウも含めて，広い意味での技術を体系的にまとめて次代へ継承する必要があるだろう。

　コンピュータやネットワークの急速な発展により，研究開発のスピードが上がり，最新技術情報のサーキュレーションも格段に速くなった。このような状況において，スピードに劣る書籍に求められる役割はなんだろうか。それは上質な体系化だと考える。論文などで発表された知見を時間と分野を超えて体系化し，問題解決に繋がる「メソッド」として読者に届けることが本シリーズの存在意義であるということを再認識して編集に取り組みたい。

　最後に本シリーズの将来像について少し触れたい。そもそも目に見えない音について書籍で伝えることには多大な困難が伴う。歴代の著者と編集委員会の苦労は計り知れない。昨今，書籍の電子化についての話題は尽きないが，本文の電子化はさておき，サンプル音，説明用動画，プログラム，あるいはデータベースなどに書籍の購入者がネット経由でアクセスできるような仕組みがあれば，読者の理解は飛躍的に向上するのではないだろうか。今後，検討すべき課題の一つである。

　本シリーズが，音響学を志す学生，音響の実務についている技術者，研究者，さらには音響の教育に携わっている教員など，関連の方々にとって有益なものとなれば幸いである。本シリーズの発刊にあたり，企画と執筆に多大なご努力をいただいた編集委員，著者の方々，ならびに出版に際して種々のご尽力をいただいたコロナ社の諸氏に厚く感謝する。

　2018 年 1 月

音響テクノロジーシリーズ編集委員会

編集委員長　飯田　一博

ま え が き

「マルチメディア情報ハイディング」という分野が広く知れ渡るようになったのは，ちょうど 10 年ほど前あたりだろうか。これは，マルチメディアコンテンツの中に意図的に情報を隠す技術の総称であり，その前身は「電子透かし（1990年代後半〜2000年代）」，さらにその前身は暗号分野の一部と見られた「画像深層暗号（1980年代後半）」である。これらの名称の変遷は，情報通信技術の急速な発展やインフラ整備，インターネットの普及に伴い生じたさまざまな問題（例えば，著作権保護など）に起因しているものと考えられる。

現在，ネットワークを通じてやりとりされる膨大なマルチメディア情報を世界的規模で収集し，サイバーフィジカルシステムの構築やビッグデータを利活用した新たなイノベーションの創出も試みられている。これらは私たちの生活を快適で豊かなものにしてくれる反面，私たちの知らないところで，個人情報を含むマルチメディア情報が悪用されるリスクも急増している。そのため，マルチメディア情報を安心安全に利用する仕組を実現することは喫緊の課題である。

情報セキュリティ技術，特に暗号技術は，これらの分野の安全性を保つための主要な技術である。しかし，メディア特有の性質やそのメディアに対するモダリティの関係から，情報セキュリティ技術，暗号技術と併用した技術の登場により，メディアに特化した安全性の担保も期待できる。マルチメディア情報ハイディングは，そのような技術の一つとして考えられており，マルチメディア情報を安心安全に利用するための仕組みを提供する基盤技術として期待されている。

マルチメディア情報ハイディングの一つである音響情報ハイディング技術は，

ディジタル音響（音楽，音声）信号のデータそのものを操作してさまざまな情報を埋め込み，必要なときにその情報を検出，利用する技術である。音響情報ハイディング技術は，埋め込まれた情報が伝送経路や第三者によって容易に変形，抽出されないことに加え，情報自体が音コンテンツにひずみなどを与えないことが要求される。特に，音コンテンツを聴いた際に違和感がないよう，ヒトの聴覚特性を巧みに利用した技術が必要となる。本書では，1990年代後半から脚光を浴びた音響電子透かしの研究背景から現在に至る研究動向を概説するとともに，これまでに提案されたさまざまな音響情報ハイディング技術を紹介する。

　本書は6章で構成される。1章では，音響情報ハイディング技術の概要と分類，評価法と1990年代後半からの研究動向について紹介する（西村竜一担当）。2章では，ディジタル音響信号の量子化における情報ハイディング技術を紹介し（伊藤彰則担当），3章では音楽の符号化技術における情報ハイディング技術（伊藤彰則担当）ならびに音声の符号化技術における情報ハイディング技術を紹介する（西村明担当）。4章では，音の知覚に焦点を当てるために，いくつかの聴覚特性を紹介するとともに，それらに基づいた音響情報ハイディング技術を紹介する（鵜木祐史担当）。5章では，音響情報ハイディング技術の評価に関わる歴史的背景から最近の動向まで紹介する（近藤和弘担当）。6章では，音響情報ハイディング技術の拡張応用について事例を踏まえて紹介する（薗田光太郎担当）。

　本書は，筆者らがはじめて音響情報ハイディングの研究に取り掛かったときに読んだ松井甲子雄氏の書籍のように，これから音響情報ハイディングの研究分野に入ってくる学生や若手研究者にとって道標になるような書籍になることを願って執筆されている。音響情報ハイディングに興味を持ってくれた読者全員にとって本書が研究あるいは実務の一助になれば幸いである。

　最後に，本書の出版の機会を与えてくれた日本音響学会音響テクノロジーシリーズ編集委員会およびコロナ社の担当者各位に深甚なる感謝の意を表する。

　2018年1月

鵜木　祐史

目　　　　次

∿∿∿ 1. 音響情報ハイディング技術の概要 ∿∿∿

1.1　音響情報ハイディング技術の概要と目的 ……………………………… 　1
　　1.1.1　枠 組 み と 用 語　　*1*
　　1.1.2　電 子 透 か し　　*8*
　　1.1.3　ステガノグラフィ　　*10*
1.2　音響情報ハイディング技術の分類 …………………………………… 　11
　　1.2.1　ディジタル通信に限定したハイディング　　*11*
　　1.2.2　アナログ通信も想定したハイディング　　*13*
1.3　音響情報ハイディング技術の評価方法 …………………………… 　15
　　1.3.1　秘 匿 情 報 量　　*17*
　　1.3.2　攻撃耐性と信号処理耐性　　*19*
　　1.3.3　音　　　　質　　*22*
1.4　音響情報ハイディングの展開 ………………………………………… 　23
　　1.4.1　黎　 明　 期　　*23*
　　1.4.2　攻撃や評価の標準整備　　*25*
　　1.4.3　実社会応用の動向　　*26*
引用・参考文献 ………………………………………………………………… 　29

∿∿ 2. 量子化における音響情報ハイディング技術 ∿∿

2.1　LSB 置 換 法 …………………………………………………………… 　31
　　2.1.1　スカラ量子化　　*31*
　　2.1.2　単純な LSB 置換法　　*34*

　2.1.3　頑 健 性 の 向 上　*35*

　2.1.4　適応的 LSB 置換法　*36*

2.2　量子化インデックス変調（QIM）‥‥‥‥‥‥‥‥‥‥‥‥‥‥‥ *41*

　2.2.1　原　　　理　*41*

　2.2.2　ディザ変調　*43*

2.3　可逆電子透かし ‥‥‥‥‥‥‥‥‥‥‥‥‥‥‥‥‥‥‥‥‥‥ *44*

　2.3.1　可逆電子透かしとは　*44*

　2.3.2　差 分 拡 大 法　*45*

　2.3.3　予測誤差拡大法　*46*

引用・参考文献 ‥‥‥‥‥‥‥‥‥‥‥‥‥‥‥‥‥‥‥‥‥‥‥‥‥ *47*

〰〰〰 **3.** 符号化技術における音響情報 ハイディング技術 〰〰〰

3.1　音楽符号化技術における音響情報ハイディング技術 ‥‥‥‥‥‥ *50*

　3.1.1　MP3 符 号 化　*50*

　3.1.2　MP3Stego と関連手法　*54*

　3.1.3　スケールファクタへの情報埋め込み　*55*

　3.1.4　MDCT 係数への情報埋め込み　*56*

　3.1.5　ハフマン符号化コードブックへの情報埋め込み　*57*

3.2　音声符号化技術における音響情報ハイディング技術 ‥‥‥‥‥‥ *57*

　3.2.1　音声符号化手法　*58*

　3.2.2　AMR 符 号 化　*60*

　3.2.3　秘匿処理の分類とその用途　*65*

　3.2.4　音声符号化への秘匿処理　*66*

引用・参考文献 ‥‥‥‥‥‥‥‥‥‥‥‥‥‥‥‥‥‥‥‥‥‥‥‥‥ *76*

〰〰〰 **4.** 聴覚特性に基づいた音響情報 ハイディング技術 〰〰〰

4.1　聴 覚 特 性 ‥‥‥‥‥‥‥‥‥‥‥‥‥‥‥‥‥‥‥‥‥‥‥‥‥ *79*

　4.1.1　可 聴 域　*79*

　4.1.2　音の知覚の 3 属性　*80*

　　4.1.3　マスキング特性　*82*

　　4.1.4　聴覚情景分析　*84*

　　4.1.5　バイノーラル受聴における諸特性　*86*

4.2　1990 年代〜2000 年初頭の方法 ………………………………… *87*

　　4.2.1　オクターブ類似性を利用した音響情報ハイディング技術　*89*

　　4.2.2　スペクトル拡散を利用した音響情報ハイディング技術　*92*

　　4.2.3　心理音響モデルを利用した音響情報ハイディング技術　*95*

4.3　エコー知覚特性に着目した音響情報ハイディング技術 ………… *97*

　　4.3.1　エ コ ー 知 覚　*97*

　　4.3.2　単一エコーを利用した音響情報ハイディング技術　*99*

　　4.3.3　エコー・カーネルを利用した音響情報ハイディング技術　*100*

4.4　振幅変調の知覚特性に基づいた音響情報ハイディング技術 ………… *101*

　　4.4.1　振幅変調の知覚　*101*

　　4.4.2　振幅変調に基づく音響情報ハイディング技術　*103*

4.5　位相変調の知覚特性に基づいた音響情報ハイディング技術 ………… *106*

　　4.5.1　位相変調の知覚　*106*

　　4.5.2　周期的位相変調に基づいた音響情報ハイディング技術　*107*

　　4.5.3　蝸牛遅延特性に基づいた音響情報ハイディング技術　*109*

　　4.5.4　群遅延操作に基づく音響情報ハイディング技術　*113*

引用・参考文献 ………………………………………………………*114*

〰〰 **5.** 音響情報ハイディング技術の評価 〰〰

5.1　評 価 の 概 要 ………………………………………………*117*

5.2　音響情報ハイディング技術の評価基準 ………………………………*118*

　　5.2.1　評 価 音 源　*118*

　　5.2.2　音　　　　　質　*120*

　　5.2.3　外乱に対する頑健性の評価方法　*127*

　　5.2.4　埋め込みデータのビットレート　*133*

5.3　音響情報ハイディング技術のコンペティション ………………………*133*

　　5.3.1　Secure Digital Music Initiative（SDMI）　*133*

　5.3.2　STEP2000/STEP2001　　*134*

　5.3.3　Information Hiding and its Criteria for evaluation（IHC）　　*136*

引用・参考文献 ……………………………………………………………*137*

〰〰　**6.** 音響情報ハイディング技術の拡張応用　〰〰

6.1　低位互換な帯域・チャネル拡張……………………………………*141*

　6.1.1　帯　域　拡　張　　*142*

　6.1.2　チャネル拡張　　*144*

6.2　空間伝搬音によるディジタル情報伝送 ……………………………*146*

　6.2.1　空間伝搬耐性の最適化　　*146*

　6.2.2　ステガノグラフィック音響モデム　　*148*

　6.2.3　音響モデムとのハイブリッド　　*149*

　6.2.4　サイバー・フィジカル連携技術として　　*149*

6.3　複数のステゴ信号の協調……………………………………………*151*

　6.3.1　結　託　攻　撃　　*151*

　6.3.2　録音位置の推定　　*152*

　6.3.3　秘　密　分　散　　*153*

引用・参考文献 ……………………………………………………………*154*

索　　　　引……………………………………………………………………*158*

 音響情報ハイディング
技術の概要

本章では，音響情報ハイディング技術の背景について紹介する。どの研究分野でもそうであるが，音響情報ハイディングの分野においても，その分野を理解するうえで事前に知っておくべき専門用語や概念が存在する。それらは，ときに別の意味を持つ場合があるため，本書での定義について説明する。さらに，音響情報ハイディング技術を取り巻くさまざまな話題について外観する。本章で全体のイメージをつかんだうえで，興味を持った内容については，各章の詳しい説明を読むことで理解を深めていただきたい。

1.1 音響情報ハイディング技術の概要と目的

1.1.1 枠組みと用語

形や行為を伴わないものに対して価値を定めることは難しい。情報もそうである。しかし，われわれは情報そのものに対して価値があることを，古くから認識している。情報料がそれである。情報料は，報道などごく一部の分野において，それを元に新聞や雑誌，番組など別の形で価値を生む場合に支払われる。ただし，客観的かつ定量的にその価値を定めることは難しく，また，価値を定着させるために書類や写真，録音テープなどの物理媒体に格納される場合が多い。それが，高度情報化社会の幕開けと同時に様相が変化する。送信者が所有していたものを，寸分違わずに受信者に渡すことができるようになった。これにより，ディジタルコンテンツが，物理的な形をとらずディジタルデータのままでネット社会を流通するようになり，その結果，情報を格納していた物体を

制御することで実現していた属性を，情報そのものに付帯させる仕組みの必要性が出てきた。

　コンテンツを含むディジタルデータには，コンテンツ自体のディジタルデータ以外に，サンプリング周波数や符号化方式などのコンテンツを適切に取り扱ううえで必要となる情報を格納したヘッダと呼ばれる領域が通常存在する。多くの場合，属性情報をヘッダに格納することで利便性を損ねることなく，ディジタルコンテンツを扱うことができる。ただし，著作権情報などのその情報に基づく受益者がユーザ自身ではない場合には話が異なる。著作権情報をヘッダ部に格納すると，コンテンツはそのままに著作権情報だけを削除したり，別のものに差し替えることができてしまう。コピー制御情報をヘッダ部に格納すると，その情報を書き換えることでコンテンツを不正に完全コピーすることが可能になる。もし，ヘッダ部ではなくコンテンツデータそのものにこれらの情報を不可分な形で持たせることができれば，不正防止に役立つ。これを可能にするのが，**情報ハイディング**（information hiding）である。

　音響情報ハイディングのイメージを**図 1.1** に示す。送り手からは，一見，音響コンテンツのデータだけが受け手に送られている。しかし，そのデータの中には秘匿情報が隠されており，適切な手続きで解読することで，音響コンテンツそのものとは別の情報を取り出すことができる。見掛け上のコンテンツの中に別の情報が隠れていることから，情報ハイディングと呼ばれる。この方式が機能するためには，再生装置にこの手続きが組み込まれており，コピーや再生の可否を抽出した情報に従って制御できる必要がある。逆にいうと，そのよう

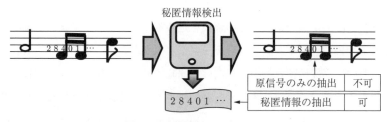

図 1.1　音響情報ハイディング

な装置を使用しなければ，だれでもコピーや再生ができることになる。ただし，コピーしたデータの中には秘匿情報が残り続ける。そのため，例えば，インターネットで音楽コンテンツを購入した際に，購入者を特定できるなにかしらの情報を埋め込んだファイルをダウンロードさせると，後で不正をした人間を突き止めることができ，不正行為に対する抑止力としての効果が期待できる。不正行為を防止する技術としては，暗号を連想するかもしれない。確かに暗号化は，ディジタルコンテンツを守るうえで強固な力を有している。しかし，一度復号されてしまうとその効果が失われる。これに対し，情報ハイディングでは効果が持続されるのである。このように，情報ハイディングと暗号化は，不正コピー防止に対するアプローチが対照的である。したがって，それぞれの特性を理解し，利用場面に応じて適切な手法を採用することが大事である。

　情報ハイディングでは，秘匿情報を取り出した後もコンテンツにはそれが残る。この意味で，秘匿情報は取り出すというよりも，「読み取る」という表現のほうが適切かもしれない。このようなコンテンツと不可分な形で秘匿情報を埋め込むことが，情報ハイディングの特徴的な性質である。一方で，一部の応用では，完全な原信号を得られることが求められる場合もある。画像の情報ハイディングの例ではあるが，CT や MRI のような医療画像データに対し，それがどの患者のものなのかを画像データ中に記録しておくことは，医療事故の防止に繋がる。しかし，情報を埋め込むことは，オリジナルの画像データからわずかなりとも違うものに変化させてしまうことでもある。もし，情報ハイディングにより原画像にはなかったはずの影のような模様が視認されてしまうと，場合によっては誤診を招く危険性もある。完全な原信号を再現できると，このような危険性を回避することができる。このほかにも，コンテンツに秘匿情報を追記していく場合に，この特性は有用である。なぜなら，後から追加される秘匿情報は，先に埋め込まれた秘匿情報にとっては予測不能な雑音でしかなく，そのために先行する秘匿情報の取り出しは困難になる。もし，コンテンツと秘匿情報を分離することができれば，情報を追加する際に一度分離し，秘匿情報として，元の情報と新たに追加する情報の両方を含んだ信号を生成して，分離

した原信号に再度埋め込めば，この問題を回避することが可能となる。このように，さまざまな特性を実現できる情報ハイディング技術の実現は，その応用範囲を広げてくれる。

　情報ハイディングを実現する仕組みは，文字画像の例を見るのがイメージしやすい。**図 1.2**（b）の文字の縁には，図（a）をコピー機でコピーした場合に付くような小さなドットが見える。もし，このドットがコピーによるものではなく，ある法則に従って意図的に付されていたのだとしたらどうだろう。その法則を知っている者だけが，意味のあるなんらかの情報を，そこから取り出すことができる。これが情報ハイディングの一般的な仕組みである。

（a）　　　　　　　　（b）

図 1.2　画像の電子透かし

　情報ハイディングには，大きく分けて二つの枠組みが存在する。一つは**電子透かし**（watermarking）であり，もう一つは**ステガノグラフィ**（steganography）である。技術的観点でこの二つを分けるのは難しく，次節で述べるように，その用途から区別するのが比較的理解しやすい。端的にいうと，電子透かしはコピー防止や真正性証明などを目的としており，ステガノグラフィは秘匿通信や情報付加などでの利用を想定したものである。別の観点としては，原信号と秘匿情報の間に関連性があるかどうかで判断する方法もある。一般に，電子透かしにおける秘匿情報は，原信号に関連する情報であることが多く，それとは逆に，ステガノグラフィの場合は，関連性が少ない。これは，ステガノグラフィの目的が秘匿通信である場合，その行為を行っていることを第三者に悟られないことが重要であり，関連性が低い方が一般に望ましいからである。

　実際の情報ハイディングの基本的な処理の流れを**図 1.3**に示す。ここで，各状態の信号の呼び名が，電子透かしとステガノグラフィのどちらの枠組みを考えているかで異なる。その違いをまとめると**表 1.1**のようになる。

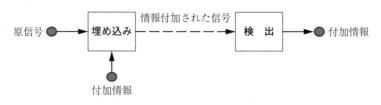

図 1.3 一般的な電子透かしの流れ

表 1.1 電子透かしとステガノグラフィでの用語

	原信号	秘匿情報	情報秘匿済み信号
電子透かし	ホスト信号 (host signal)	透かし信号 （watermark）	透かしが埋め込まれた信号 （watermarked signal）
ステガノグラフィ	カバー信号 (cover signal)	秘密情報 (secret information)	ステゴ信号 （stego signal）

原信号は，このほかにも**キャリア信号**（carrier signal）と呼ばれることがある。電子透かしが，ホスト信号と透かし信号の両方の伝達を目的とするのに対し，ステガノグラフィの主目的は秘密情報の伝達である。この観点から判断すると，図 1.2 の文字画像の例は，「透」という文字の伝達も目的に含まれる場合，つまり，文字画像として「透」という文字を使用する必要がある場合は電子透かしといえるし，秘匿情報を隠すうえで有効であれば必ずしも「透」の文字である必要がない場合はステガノグラフィとなる。このように情報ハイディング技術は，電子透かしとステガノグラフィのどちらにも利用が可能である。ただし，どちらの用途で利用するかに応じて，満たすべき要件が異なる。基本的に，情報ハイディングでは，ホスト信号と透かしが埋め込まれた信号の間に知覚上の差が生じないようにしなければならない。一方，ステガノグラフィでは，カバー信号とステゴ信号に知覚上に明確な差があっても構わない。ただし，ステゴ信号はその場面で出現しても不自然ではない信号であることが求められる。

図 1.3 における検出の処理には，**表 1.2** に記すように三つの種類が存在する。ここで，**秘密鍵**（secret key）とは，原信号よりも一般にサイズが小さく，第三者に知られることなく，送信者と受信者で共有できる情報を指す。埋め込みの際に利用されるランダム系列などが，これに該当する。この分類で見ると，図

表 **1.2**　検出の種類

種　　類	検出時に利用可能なもの
ノンブラインド （non-blind）	原信号（＋秘密鍵）
セミブラインド （semi-blind）	秘密鍵
ブラインド （blind）	埋め込み方式に関する情報

1.3 はブラインド検出に相当する。それぞれの検出手法における信号の流れを図示すると**図 1.4** のようになる。どの種類の検出手法が望ましいかは，想定する用途や条件に応じて決められる。一般的に，方式としての実現の難易度は，ノンブラインドからブラインドになるに従って難しくなる。

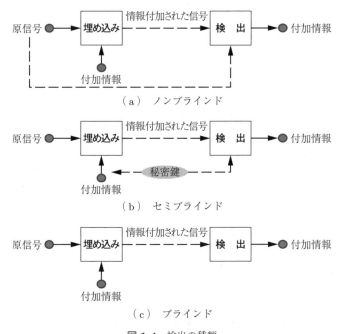

（a）　ノンブラインド

（b）　セミブラインド

（c）　ブラインド

図 **1.4**　検出の種類

なんの情報をコンテンツ自身に持たせるべきかや，どの程度の情報量を持たせる必要があるかは，アプリケーションに依存して決まる。例えば，音楽コンテンツに埋め込むべき情報として，後述する電子透かしの国際評価プロジェク

ト STEP2000 では

① コピー管理情報

② 著作権管理情報

の2種類の情報が指定された。コピー管理情報は，15秒以内のタイムフレーム
に2bitの情報を秘匿することが要求され，著作権管理情報は，30秒以内のタ
イムフレームに72bitを秘匿することが求められている。

　最後に，本書を読み進めるうえで必要となるため，後述するものも含め，**表
1.3** に本書で出現する情報ハイディングに関係する用語とその概説をまとめて
おく。

表 1.3　情報ハイディングに関係する用語

用　語	概　説
情報ハイディング	電子透かしとステガノグラフィの両方を包含する技術の総称。
電子透かし	原信号と秘匿情報の関連性が強く，秘匿情報が原信号の運用の補助的な役割を果たすもの。
フラジャイル電子透かし	コンテンツにわずかでも手を加えると，電子透かしの検出ができなくなるもの。真正性の証明に利用できる。
ロバスト電子透かし	信号圧縮や雑音付加によりコンテンツが多少変形を受けても，電子透かしが検出できるもの。
ホスト信号	電子透かしを埋め込む前の原信号。キャリア信号ともいう。
可逆（リバーシブル）電子透かし	電子透かしにより情報秘匿済みの信号から，電子透かしを読み出すだけでなく，電子透かしを埋め込む前のホスト信号も抽出可能な電子透かし技術。
ブラインド検出	秘匿情報の検出に際し，送信側からは情報秘匿済み信号しか受信せずに，電子透かしを検出するもの。
セミブラインド検出	秘匿情報の検出に，埋め込み側と検出側で，一部の情報共有を必要とするもの。
ノンブラインド検出	秘匿情報の検出に原信号を必要とするもの。
秘密鍵	セミブラインド検出において，送信側と受信側で共有する情報。
ステガノグラフィ	原信号と秘匿情報の間に関連性は必ずしも必要なく，原信号よりも秘匿情報の伝達に主眼が置かれる情報ハイディング。秘匿性の達成が重要となる。
カバー信号	ステガノグラフィにおいて，秘密情報を埋め込む先のコンテンツ。
ステゴ信号	ステガノグラフィにより，秘密情報が埋め込まれているコンテンツ。

表 1.3　情報ハイディングに関係する用語（つづき）

用　語	概　説
ステガナリシス	あるコンテンツがステゴ信号であるかどうかを推測する技術，およびその研究分野。
ペイロード	原信号に埋め込むことが可能な秘匿情報の情報量。単位時間当りで計算される。
誤検出率	秘匿情報が埋め込まれているのに，埋め込まれていないと判断される割合，および，埋め込まれていないのに埋め込まれていると判断された割合。
攻　撃	電子透かしを検出できなくする行為。悪意を持って電子透かしを検出できなくする場合（malicious attack）と，データ圧縮のように，結果として電子透かしが検出できなくなる信号処理の両方がある。
結託攻撃	異なる電子透かしが埋め込まれたコンテンツを複数入手して行う攻撃。
改ざん検出	コンテンツになんらかの手が加えられたかどうかを判断すること。英語では tamper detection と呼ばれる。

1.1.2　電 子 透 か し

　電子透かしという用語は，埋め込まれたデータを指す場合とそれを埋め込む技術そのものを指す場合がある。英語では，前者は watermark，後者は watermarking と一般に表現される。紙幣の透かしと少し違うのは，元々価値のない紙切れに対して，価値を持たせるために透かしを入れるのが紙幣であるのに対し，ディジタルコンテンツに対する情報ハイディングは，元々価値のあるものに対して透かしを入れる点である。透かし情報を埋め込むことによって，ホスト信号の価値を損ねては本末転倒となるため，透かしを埋め込んだ信号とホスト信号を比べたときに違いが知覚されてはならない。ただし，電子透かしの利用用途に応じて，この要件には幅がある。例えば，スピーカで放送されている内容を耳の聞こえない人にも届けるために，その文字情報を電子透かしとして放送音声に埋め込むような機能拡張の応用を考えてみよう。この音を受信した携帯端末が透かし情報を読み出してそれをディスプレイに表示することで，放送内容を必要な人に視覚的に届けることができる。音声データとしてのコンテンツの内容と，電子透かしとして埋め込まれる文字情報の内容は同じであり，そこに強い関連性があるため，これは電子透かしということができる。この場合，情報

秘匿済み信号の音質が多少ひずんでいても，発話内容を伝えるという，この音響コンテンツの元々の目的に支障を及ぼさない限り，取り立てて問題にはならない。このように，情報ハイディング技術をなにに利用するかに応じて，要求される内容は変化する。

　商用音楽のようにホスト信号自体に経済的価値がある場合，不正利用の危険にさらされることから，電子透かしに攻撃耐性が求められる。ここで，**攻撃**（attack）とは，ホスト信号に埋め込まれている透かし情報を不正に改ざんしたり除去したりする信号処理を指す。したがって，**攻撃耐性**（robustness）とは，そのような信号処理に遭遇しても，透かし情報がどれだけ正しく検出できるかを意味する。電子透かしが埋め込まれていることを知られること自体は，必ずしも問題にはならない。あるいは，問題になるようではいけないというのが，より正確かもしれない。この前提は，暗号方式の分野ではケルクホフスの原理と呼ばれており，暗号方式には，方式自体が攻撃者に知られていても不都合がないものであることが要求される[1),2)]†。

　電子透かしは，実現されるべき透かしの検出特性の観点からも，大きく二つに分類することができる。コンテンツに多少手を加えても電子透かしが検出できるものは，**ロバスト電子透かし**（robutst watermarking）と呼ばれる。一方，少しでもコンテンツに変化が加えられた場合に，電子透かしが検出できなくなる特性を実現したものは，**フラジャイル電子透かし**（fragile watermarking）と呼ばれる。つまり，これらは**図 1.5** に示すように，対極的な特性の実現に対応している。これまでに例として挙げた著作権保護や音声への文字情報付加などの応用は，ロバスト電子透かしの利用を想定したものである。一方，フラジャイル電子透かしは，真正性証明や改ざん検知などの用途での利用が考えられる。例えば，法的な証拠資料となるディジタルデータにフラジャイル電子透かしを埋め込んでおくことで，それを使用する際に適切な透かしが検出できない場合は，なんらかの改ざんが行われたことをただちに疑うことができる。このような応用利用を目的とするフラジャイル電子透かしでは，改ざんが行われたとい

---

† 肩付数字は章末の引用・参考文献番号を示す。

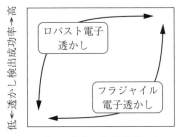

図 1.5　ロバスト電子透かしとフラジャイル電子透かし

う事実だけでなく，改ざんした場所や時刻，方法などを推定する助けとなる情報もそこから得られるような特性を持たせることが望ましい。

1.1.3　ステガノグラフィ

第三者に悟られることなく，なんらかの情報通信をそれとは別の情報通信に隠蔽して行う技術は，**ステガノグラフィ**（steganography）と呼ばれる。古くは，敵国の情報を自国に極秘裏に伝える諜報活動において用いられたといわれている。このときに重要になるのが，他者になんらかの別の情報が隠蔽されていることを悟られないことである。違法な行為を幇助する目的で利用されることも考えられるため，ディジタルコンテンツに別のなんらかの情報が隠蔽されていないかを見破る技術についての研究も必要となる。ステガノグラフィであるかどうかを推測する技術は，**ステガナリシス**（steganalysis）と呼ばれる。ステガナリシスのアプローチとしては種々の提案があるが，基本的な方法の一つは，コンテンツの統計的な性質が通常のコンテンツと同じであるかどうかを調べる方法である[3]。機械学習に基づく判別などが，このアプローチに分類される。

ステガノグラフィでは，電子透かしの場合と異なり，カバー信号（カバーデータともいう）とステゴ信号（ステゴデータともいう）の間に知覚上の差異があっても構わない。ステゴ信号が，あるカバー信号に基づいて秘密情報の埋め込みを目的に生成されたものであるということが，第三者に悟られなければよいのである。例えば，ステゴ信号とカバー信号に明らかな差があったとしても，そ

の差が通信の間に生じうるコンテンツの変化と区別ができないものであれば，第三者にそれがステゴ信号であると疑われる可能性は低くなる。また，ステゴ信号がそれ自体として世の中に自然に存在しうるものであり，それが秘匿通信者以外の者からは別の内容のコンテンツと知覚判断されるのであれば，そもそもカバー信号が存在している必要もない。

　電子透かしとステガノグラフィの違いをここまで述べてきたが，その境界線はさまざまな見方があり，研究者によっても見解が異なる。したがって，これらの用語を用いる際は，それ単体で使用するのではなく，目的とするアプリケーションや満たしている特性と合わせて説明することが，誤解を避けるうえで大切である。

1.2　音響情報ハイディング技術の分類

1.2.1　ディジタル通信に限定したハイディング

　ディジタル通信では，送信側で作成した情報秘匿済み信号と完全に同じものを受信者に届けることができる。ディジタル通信のこの特性を利用すると，きわめて微小な変化にも秘匿情報を埋め込むことができる。例えば，ディジタル信号の**最下位ビット**（least significant bit，LSB）の情報を変化させても，原信号にはわずかな影響しか与えない。音楽信号では，多くの場合 16 bit で量子化が行われるため，LSB の信号を反転した場合の変化量は，最大振幅のおよそ $-90\,\mathrm{dB}$ である。人間の聴覚が有するダイナミックレンジと音の大きさの弁別限を考えると，うるさくないレベルでこのコンテンツを聞いている限り，この大きさの変化は弁別限よりも小さい程度のものとなる。そのため，多くの場合，聴感上の差異は知覚されにくい。そこで，原信号の LSB の情報を取り除き，代わりに透かし情報に応じた信号を代入することで，情報ハイディングを行うことができる。LSB の信号が原信号を含まない秘匿情報そのものであることからブラインド検出が可能であり，埋め込み可能なデータ量も多い。その反面，攻撃耐性には問題がある。一度アナログ信号に変換してしまうと雑音の混入は避

けられず，LSB の情報は容易に変化してしまう。そのため，LSB への秘匿情報の埋め込み手法はディジタル領域に限定されることとなる。ディジタル領域に限定した場合にも，**図1.6** に示すように，通信に先立って圧縮符号化によりデータ量を削減する場合が多い。ロスレス符号化のように復号により完全に元のディジタルデータが復元されるものであれば問題ないが，MP3 をはじめとして一般に広く用いられている非可逆圧縮では，LSB の値は容易に変化するため注意が必要である。

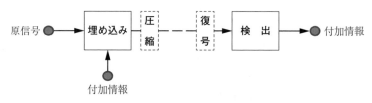

図 1.6 圧縮を伴うディジタル通信での流れ

　ディジタル通信では，情報量に基づいて考えるのが都合がよい。実際のコンテンツの容量が，原信号を表現するのに最低限必要な情報量よりも大きい場合，その差に情報ハイディングを行うことができる。ただし，情報ハイディングにおいて原信号を表現するというのは，ディジタル信号としてではなく，知覚上再現するという意味においてである点に注意が必要である。前述の LSB に埋め込む手法もそうである。また，極端な例を考えるために，各時刻のサンプルデータがほかのサンプルからまったく予測できないような雑音性の信号が，原信号だったとしよう。この場合，この信号をディジタル信号として再現するのに必要な情報は，ほぼデータサイズそのものとなり，秘匿情報を埋め込む余地はほとんどない。しかし，秘匿情報を雑音性の信号になるように符号化して原信号と入れ替えたらどうだろう。人間には原信号との差はわからず，かつ，秘匿情報に割り当て可能な容量はデータサイズ全体となる。このように，信号に対する聴覚の知覚特性の知見は，物理的，情報理論的な限界を超えて情報ハイディングを行うのに役に立つ。

　ディジタル領域でのハイディングで興味深い特性を持つものに，**可逆電子透かし**（reversible watermarking）がある。これは，透かしを埋め込まれた信号から電子透かしを取り出せるだけでなく，**図 1.7** に示すように，透かしが埋め込まれていないホスト信号も完全に再現できるというものである。図 1.6 の場合と異なり，透かしを抽出した後のコンテンツには，もはや電子透かしが存在していない。この特性は，暗号のそれと似ている。可逆電子透かしで，一度原信号に戻してしまうと，もはやそのコンテンツを守る手立てはない。したがって，著作権保護やコピー制御における応用に際しては，暗号化と同じ弱点を持つことになる。また，一度アナログ信号にしてしまうと，雑音の混入が避けられない。したがって，混入する雑音信号を完全に推定できない限り，アナログ領域での可逆電子透かしもまた，実現できないのである。

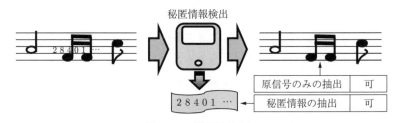

図 **1.7**　可逆電子透かし

1.2.2　アナログ通信も想定したハイディング

　音響情報ハイディングにおいて，アナログ通信も想定したハイディングとは，**図 1.8** に示すような状況を想定した場合にも利用可能な情報ハイディング技術のことである。例えば，スピーカで再生した音をマイクで受信するような条件

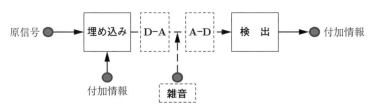

図 **1.8**　アナログの電子透かしの流れ

や，オーディオ機器のアナログ出力端子から出した信号を，アナログ入力端子で取り込むような場合がこれに相当する。この場合，A–D 変換器や D–A 変換器により，周波数帯域が制限されたり，量子化誤差が混入することになる。サンプリング周波数や量子化ビット数が，A–D 変換器と D–A 変換器とで異なる場合もあるし，サンプリングのタイミングがさまざまな要因により理想的な時刻から変動する現象であるジッタの存在により，時間的な変化も影響を受けることになる。

ディジタル領域でのハイディングと異なり，通信路での雑音の混入も避けられない。マイクで収音する場合には，周囲のほかの音信号も背景雑音として合わせて収音されるため，それが目的とする透かし信号の検出の妨げとなる。また，D–A 変換器および A–D 変換器の特性も，実際の製品で厳密に理想的な特性を実現するのは難しく，その誤差の影響を受けることになる。加えて，空気伝搬の際には，音響デバイスであるマイクおよびスピーカの特性に加え，音響信号が空気中を伝搬する際に生じる減衰やひずみ，反射なども加わる。これらのことから，一般にアナログ通信も想定したハイディングの方が，ディジタル通信に限定したハイディングに比べて実現が難しく，秘匿可能な情報量も減少することが多い。

アナログ通信にも耐性のある電子透かしが実現できると，実際の利用場面を飛躍的に拡大できる可能性がある。例えば，聴覚障がい者にも健聴者と同じ情報を届けることができるようになる。また，人はだれでも，年齢を重ねると老人性難聴になる。聴覚の末端である耳での感度が低下するだけでなく，中枢の脳の機能も衰えてくるため，カクテルパーティ効果の働きも低下する。その結果，雑踏する公共空間での放送のような状況下では，音声の聞き取りが困難となる。このような場合にも，電子透かしの力を借りて情報を視覚的に提示できれば，それを必要としている人に正しく必要な情報を伝えることができるようになる。

別の応用としては，言語の壁を取り除くのにも利用が可能である。観光産業にも力を入れる日本では，今後も訪日外国人の増加が見込まれる。そのため，案

内板や標識にも英語が併記されたり，ユニバーサルデザインを意識した作りの
ものが増えている。また，都市部や観光地ではフリーアクセスポイントも整備
され，周囲の情報をさまざまな言語で入手することが可能になりつつある。し
かし，地震や火事などの不測の事態が発生した場合の避難誘導や状況説明は，
日本語では拡声システムを通して行われるが，それ以外の言語で行われるかは
定かでない。日本語がほとんどわからずに来日している外国人がこのような場
面に遭遇した場合には，なす術がなくなる。音声認識や自動翻訳の技術は急速
に発展しているが，雑音環境下で実用的な認識精度を実現するのはまだまだ難
しい。このような場合，拡声システムに入力された雑音の少ない音声信号を自
動認識し，発話内容を判別したうえで，その情報を電子透かしとして日本語の
案内に乗せて放送する方法が考えられる。電子透かしでは，元々の音声信号と
比較して埋め込める秘匿情報量が少なくなるが，場所や場面に応じた定型文の
リスト選択にするなどの工夫で，緊急時などでも最低限必要な情報を伝えるこ
とが可能になると期待される。

　アナログ通信の際に想定される D–A 変換に続いて A–D 変換を行うことや，
雑音が重畳することは，電子透かしへの攻撃としても想定されている内容であ
る。そのため，一定の攻撃耐性を持たせるためにディジタル領域に限定した情
報ハイディング技術も，まったくアナログ通信で利用できないわけではない。
ただし，その耐性は必ずしも高くはない。

1.3　音響情報ハイディング技術の評価方法

　現在，さまざまな情報ハイディングの手法が存在し，これからも新たな方法が
提案されていくだろう。特定のアプリケーションにおいて，どの手法を選択す
べきかを決めるためには，各手法を比較するための共通の評価尺度が必要とな
る。もちろん，情報ハイディングに求められる特性は，それぞれのアプリケー
ションに依存して異なるが，一般的には，**図 1.9** の三角形で示した三つの要素
の実現が求められる。

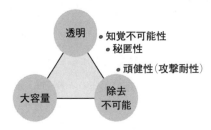

図 1.9　情報ハイディングに求められるもの

特に，聴覚的観点からは

① **知覚不可能性**（imperceptibility）

② **秘匿性**（secrecy）

③ **頑健性**（robustness）

の三つの項目を同時に実現することが重要となる。秘匿性とは，第三者に透か
し情報を知られないことであり，頑健性（攻撃耐性）とは攻撃に対しても透か
し情報を正しく検出できることである。また，知覚不可能性は，聴取者が電子
透かしの埋め込みによる音の変化を知覚できないことである。つまり，聴取者
からコンテンツを見たときに，情報ハイディングが透明な存在であるというこ
とである。秘匿性と知覚不可能性は同様な性質であり，一方を高めると，もう
一方の性質も向上することが期待される。一方，頑健性はそれらの性質とはト
レードオフの関係にあり，頑健性を高めると，秘匿性や知覚不可能性の特性は
一般的に低下する。さらに，埋め込み可能な容量も多いに越したことはないが，
情報ハイディングでは，原則，データサイズ自体は増加させられないため，埋
め込み可能な容量には限界がある。そのため，容量を増やすに従って秘匿性や
知覚不可能性にも影響を及ぼすことになる。

　新しい手法の開発に際しては，できるだけすべての項目で高い性能を達成し
うるものが望ましいが，トレードオフの関係性からは逃れられない。多くの情
報ハイディング手法において，パラメータの設定しだいで，これらの性質の達
成具合は調整できる作りになっている。したがって，手法間の比較をする際に
は，注目する性質以外の条件が同等になるようにパラメータを調整したうえで

行う必要がある。

1.3.1 秘 匿 情 報 量

　音響情報ハイディングでは，埋め込むことができる情報量のことを秘匿情報量と呼び，英語ではペイロード（payload）とも呼ぶ。この用語は，インターネット通信の分野では，パケット通信におけるヘッダ部ではないデータ部本体を指す別の意味で用いられている。そのため，電子透かしの分野でも，この意味で用いられる場合があるが，本書では埋め込み容量を指すものとする。一般に，1秒間の原信号に埋め込まれている秘匿情報のビット数で定義される。したがって，単位は〔bps〕となる。どの程度の秘匿情報量が必要なのかは，用途に応じて変化する。

　秘匿情報を埋め込める量は，データサイズから原信号を表現するのに必要な容量を引いた余りの部分であり，かつ，秘匿情報を追加してもそれが知覚されない範囲である。一般的な情報ハイディングは，時間的にフレームを区切って埋め込みが行われる。フレームの時間長が同じであっても，そこに含まれている原信号は異なるため，フレームごとに秘匿情報に割り当てられる容量は変化する。この性質を最大限活かすには，つねに一定の方法で埋め込むよりも原信号に応じて適応的に埋め込み方を変化させるのが有効となる。そうしないと，知覚不可能性を満たすために，埋め込みが一番困難なフレームでの埋め込み条件をコンテンツ全体に適用しなければならなくなる。

　コンテンツ全体に埋め込む必要があるのか，一部だけに埋め込むことができればよいのかも，想定する応用先しだいである。不正コピーの目的で，一部区間のみからでも秘匿情報を検出する必要がある場合には，同じ情報をコンテンツの全体に埋め込まなければならない。インターネット上で行き交う膨大な数のコンテンツをモニタリングして違法なコンテンツを検出する場合は，秘匿情報を検出するのに秘匿済み信号のすべてが必要になるのでは，処理に時間が掛かりすぎ実用的ではない。このような場合も，コンテンツの一部のみから秘匿情報を取得できることが要件となる。

秘匿情報量が，透かし信号や秘密情報の正味の情報量に必ずしも対応していないことに注意が必要である。ロバスト電子透かしでは，伝送の途中で変形を受けても検出ができなければならない。そのため，攻撃耐性を高めるために，誤り訂正符号を用いて情報を符号化することで，しばしば冗長化が図られる。この場合，単位時間当りに埋め込むことができる実質的な秘匿情報の情報量は，ペイロードとして示される容量よりも低下する。したがって，情報ハイディング技術の秘匿情報量は，その技術の耐性に関する性能とも対にして議論しなければならない。

情報ハイディングは，一定時間区間ごとにフレームを区切り，秘匿情報を切り替えることで情報を埋め込む。したがって，区間の境目を検出側でも判断しなければならず，この作業は同期（synchronization）と呼ばれる。秘匿情報の一部をこの同期を実現するために使用するのであれば，実質的に単位時間当りに埋め込み可能な秘匿情報量は，図 1.10 に示すようにさらに低下することになる。

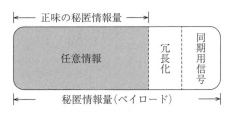

図 1.10　ペイロードと正味の秘匿情報量

当然のことであるが，付加信号を隠すには，隠せる隙間を作るための原信号が必要である。そのため原信号に無音区間があると，その区間には情報ハイディングを施すことが原理的に難しい。もし，符号化が行われるのであれば，その符号化の隙間に入れることができる。聴覚の最小可聴域よりも小さいレベルで付加することで知覚不可能性を達成したり，その信号を自然な雑音に似せることで秘匿性を満たすような工夫も可能である。実際のところ，合成信号でもない限り，完全な無音の区間を含む音響コンテンツは，そうは存在しない。しかし，無音に近い時間区間では，情報を隠すのが難しくなるのは事実である。実

用的な応用を考えるなら，そのような区間へのハイディングは行わないように設計する必要がある。このように原信号に応じて適応的に埋め込みの有無や量を調整する手法での秘匿情報量は，対象としている原信号の種類での多くのサンプルを準備して埋め込み処理を行い，その平均値で評価する必要がある。

近年，ハイレゾリューションオーディオやマルチチャネルオーディオなど，これまでよりも情報量の多い（したがって，データサイズも大きい）オーディオメディアも出現してきた。元のコンテンツのサイズが大きいことは，それだけ情報ハイディングに使える隙間が多いということでもある。とはいえ，ハイレゾリューションオーディオが高音質を追求した結果であることを考えると，ハイレゾリューションオーディオのユーザに音響情報ハイディングが受け入れられるかどうかという問題はある。

1.3.2 攻撃耐性と信号処理耐性

電子透かしの読み取りを困難にする行為は**攻撃**（attack）と呼ばれ，悪意を持って行われるものと，一般的なコンテンツの利用において意図せずに行われるものの2種類が存在する。ディジタルコンテンツに対するなんらかの信号処理は，すべて攻撃になりうるため，明確に分類するのは難しい。**図 1.11** に示すように，一部のものを除いて多くの場合は，その信号処理が透かし情報の検出を目的に実施されたか，別の目的で実施されたかによって分けることになる。

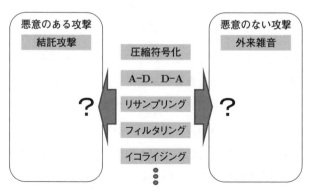

図 1.11 情報ハイディングへの攻撃の種類

逆にいうと，通常のコンテンツの使用においても，ユーザが意図せずに，透か
し情報が攻撃にさらされることがあるということでもある。したがって，攻撃
耐性をまったく有していない情報ハイディング技術は，ロバスト電子透かしと
しては実用性が皆無といっても過言ではない。逆に，そのような特性を追求し
ていくと，フラジャイル電子透かしになる。

　電子透かしが，コピー制御のような違法行為を防ぐためにコンテンツに埋め
込まれている場合，透かし情報を書き換えることでコピーができるようになる。
これは，明らかに悪意を持って行われる攻撃である。このような攻撃の代表例
としては，**結託攻撃**（collusion attack）が挙げられる。結託攻撃とは，つぎの
ような方法で行われる攻撃のことである。透かし信号がホスト信号に付加的に
加算されている場合，異なる透かしが埋め込まれたコンテンツを複数集めると，
それらは，ホスト信号が同じで透かし信号だけが異なるものとなる。したがっ
て，それらを比較することで，透かし信号を抽出したり，改ざんしたりするう
えでの有利な情報が得られる。例えば，そのコンテンツの信号をすべて加算し，
それをコンテンツの数で割ると，ホスト信号はそのままに透かし信号だけがエ
ネルギーが小さく，かつ，どの透かし信号とも異なる信号になるように再合成
することができる。そのため，結託攻撃に対抗する情報ハイディング技術に関
する研究も求められる。

　悪意を持って透かしの除去が行われなくても，透かし情報が失われたり変化
してしまうことがある。音楽コンテンツはテキスト情報と比べるとコンテンツ
のデータサイズが大きくなる。そのためネットワーク上での流通やストレージ
に保存する際は，容量を小さくするためにしばしば圧縮処理が行われる。スト
レージについては，小型化や大容量化が進んでいるものの，通信容量には限界
がある。また，データ通信量に応じて課金される方式のもとでは，ユーザは音
質よりもデータサイズが小さい方を選択するかもしれない。元来，音響電子透
かしは，原信号の隙間に透かし信号を埋め込むことで知覚不可能性を実現して
いる。しかし，圧縮処理もまた，この隙間を削ることで聴感上の変化を少なく
し，データサイズの削減を図っている。そのため，圧縮処理のような一般的な

信号処理によっても，透かし信号が消失してしまう可能性がある。

　原理的に埋め込み可能な秘匿情報量が多くても，それらのほとんどが攻撃により正しく検出できなくなるのでは意味がない。秘匿情報量が多いが攻撃によりすぐに誤検出を起こす情報ハイディング手法と，秘匿情報量は少ないが多少の攻撃では誤検出を起こさない手法のどちらが優れているかと聞かれると，答えに窮する。なぜなら，それは想定している応用先で決まるべきものだからである。このことからいえることは，誤検出がどれくらい発生するかを切り離しては，秘匿情報量を議論することができないということである。そのために，誤検出がどれくらい発生するかを比較するための客観的な評価指標が必要となる。

　信号検出理論に基づくと，秘匿情報の検出においては，**表 1.4** に示す四つの場合が存在する。分野によって呼び方も異なるが，指している状況は本質的に同じである。これらを用いて，秘匿情報の検出率は定義される。

表 1.4　情報の分類

		秘匿情報の埋め込み	
		あ　り	な　し
秘匿情報の検出結果	あ　り	真陽性 (hit)	偽陽性，第一種の過誤 (false alarm / false positive)
	な　し	偽陰性，第二種の過誤 (miss / false negative / false rejection)	真陰性 (correct rejection)

　検出率は

$$検出率 = \frac{秘匿情報が正しく検出された数}{秘匿情報を埋め込んだ数} \qquad (1.1)$$

で計算される場合が多いが，この計算方法は必ずしも正しくない。なぜなら，式 (1.1) の分母が表の左欄（つまり，hit と miss）の条件に対応しているのに対し，分子は上段（つまり，hit と false alarm）に対応しているからである。正確には表の hit に対応する値，つまり

$$検出率 = \frac{秘匿情報が埋め込まれたところで検出された数}{秘匿情報を埋め込んだ数} \qquad (1.2)$$

を計算しなければならない。これが求まると，必然的にほかの条件の値も計算

できることになる。情報ハイディング技術の研究では，検出率よりも1から検出率を引いた**誤検出率**（bit error rate, BER）がよく用いられる。秘匿情報量を示す際には，誤検出率も合わせて示されなければ，ほかの手法と公平に比較することができない。

1.3.3 音　　　質

　音響情報ハイディングには，秘匿性と知覚不可能性が求められる。これらは音質に密接に関わるものである。なぜなら，原信号と比較して音質の劣化が知覚されれば，それはただちに透かし信号が知覚されたことを意味し，知覚不可能性の条件を満たしていないことになる。

　音響情報ハイディング技術を適用したことによる音質の劣化については，ホスト信号が音楽であるのか，それ以外であるのかによって，要求レベルが大きく異なる。著作権保護の目的で情報ハイディングが用いられる場合は，音楽を原信号とする場合が多い。しかし，制作者は制作物にわずかでも変化を加えられることをよしとしない場合が多く，情報ハイディングが著作権を守るうえで有効な手段になりうるとしても，それが唯一無二の方法でない限り，利用されるかどうかは懐疑的である。情報ハイディング技術が受け入れられるための一つの判断基準は，いかなる人間でも秘匿情報を入れる前の信号と入れた後の信号とで，その差が聞き分けられないということである。商用音楽の著作権保護への応用に絞って考えると，ゴールデンイヤーと呼ばれる音質評価を専門とする音響エンジニアによる客観的評価を実施し，そこで差が知覚されないことを証明するのが一つの方法である。ゴールデンイヤーと呼ばれる人の数は少なく，それを生業としているため，新しい情報ハイディング手法を開発するたびに評価を依頼するのはあまり現実的ではない。しかも，情報ハイディング技術の応用先は音楽著作権に限ったものではないため，一般的には，より広く実施することができ，かつ，客観的で再現性のある音質評価手段を用いるのが望ましい。微細な音質の違いを評価する手続きは，世界的に共通の方法がITU-Rにおいて勧告されている[4]。これに則って主観評価実験を実施することで，音質に関

してほかと比較できる評価値を得ることができる。この主観評価実験も，条件
を満たす実験環境の構築や実施には，それなりに多くのコストが必要となる。
そのため，さらにそれと同様な値を計算機で推定する手法も ITU-R に勧告が
あり，これに基づいて音質の評価値を算出することが多い[5]。秘匿性や知覚不
可能性の達成は，この評価値が一定の数値以上を満たすことで便宜的に証明さ
れる。

　この手法の適用にもいくつか限界がある。信号の全体にひずみが生じること
を仮定していることや，原信号との比較を行う点である。そのため，計算機で
求めた評価値と主観評価実験で求めた評価値が，比較的近くなる音源やひずみ
方がある一方で，そうはならないものも存在する。したがって，計算機で推定
した主観評価値の成績がよいからといって，一概にその情報ハイディング手法
の秘匿性や知覚不可能性が高いと判断するのは危険である。最終的には，あく
までも人間による主観評価実験により，音質は評価されるべきである。

1.4　音響情報ハイディングの展開

1.4.1　黎　明　期

　ディジタルの音響メディアが一般家庭にも普及しはじめたのは，1980 年代の
ことである。レコード店に CD が並ぶようになり，その音のクリアさにユーザ
は驚いた。最初は CD プレーヤー（つまり再生専用機）で再生するだけであり，
この時点ではディジタル化による利点のほうが大きく，ディジタル化の普及を
後押しした。ところが，1990 年代になると家庭にも PC が普及するようにな
り，状況が変化する。PC はディジタル信号の処理に特化した機械であり，CD
からその中に記録されている音響コンテンツを寸分違わずに取り出すことがで
きる。アナログメディアは，コピーを重ねるごとに品質が劣化するが，ディジ
タルコンテンツは，いくらコピーを重ねても品質が劣化しない。PC があれば，
お金を掛けずに複製品が作成できてしまう。これまで商品として出回っていた
ものと同じ品質のものを，だれでも容易に家庭で作成（複製）できるのである。

これは，驚くべき変革であり，これに対抗するための技術が必要となる。ここで，暗号化とは異なる特質を有し，同様の応用も実現できる音響情報ハイディング技術への関心が高まりを見せる。1990年代後半のことである。なんらかの一つのまとまりを持ったコンテンツにおいて，一般に音響よりも画像の方がデータ量自体が大きい。そのため，秘匿情報を隠せる余地は大きく，画像データを対象とするハイディング研究が先に行われていた。そこで，画像の分野で開発された手法をそのままディジタル音響データに適用する手法が考えられた。LSB置換法やスペクトル拡散法などの，変化量そのものを少なくするアプローチがそれに相当する。その後，音響コンテンツならではの情報ハイディング手法として，エコー法などの人の聴覚特性を意識した手法が提案されるようになる。この方法は，比較的単純でありながら高いポテンシャルを有するものであり，その後もさまざまに改良が加えられ，この手法を元にする数多くの手法が提案された。聴覚特性に着目する手法としては，位相や蝸牛遅延などを利用するものも開発されることとなる。秘匿情報を原信号に付加して埋め込むものから，原信号を秘匿情報に応じて変調する方法に様相を変化させたということもできる。

　音響情報ハイディングの研究がはじまった当初は，ディジタル音楽コンテンツの不正コピー防止，著作権保護への利用が決定的な応用先と見なされていた。そのため，知覚不可能性と頑健性の二つの要求に対して高いレベルで達成することが求められた。その後，メディアのユニバーサル化など別の応用先を考えることで，その縛りから開放され，**図1.12**に示すように対象とするコンテンツの特性に応じてさまざまな手法の開発が行われるようになる。例えば，音声信号などでは生成モデルに基づく表現が可能であるため，そのモデルの構造を考慮して手法を開発するのが有効である。一方，生成モデルでの表現が難しい音楽信号などでは，聴覚特性に基づく手法の開発が必要となる。

　近頃では，ホスト信号に透かし信号を埋め込むという考えを捨て，透かし信号でホスト信号を生成するという考えに立つ手法も提案されている。埋め込みをした信号が不自然でなければ，ホスト信号のコンテンツとしての価値は問題

	音声コンテンツ	音楽コンテンツ	手 法
符号化	○	△	・ランレングス ・ディザ信号
聴覚特性	△	○	・エコー ・周波数拡散 ・周波数重み付け ・蝸牛遅延

ある	無音区間	ない
弱い	知覚不可能性の要求	強い
生成モデル	圧縮処理の根拠	聴覚モデル

図 **1.12** 音響コンテンツに応じた音響ハイディング

にならないという点では，ステガノグラフィと呼んだ方が適切かもしれない。音声らしさや音楽らしさ，あるいは，報知音らしさを再現するように，音楽のルールや統計的な性質を再現しつつ，透かし信号に応じた信号生成が行われることになる。音声や報知音，効果音などは，その目的が音色を含めて音そのものを伝えることではないため，透かしの埋め込みにより音が不自然でない範囲で変化するのは問題にはならない。このように，新しい視点や応用先を想定することで，情報ハイディング技術の研究はさらなる広がりを見せている。

1.4.2 攻撃や評価の標準整備

1990 年代，パッケージメディアによる販売から，ディジタルコンテンツとしてデータだけが流通する時代への遷移がはじまろうとしていた。SDMI（secure digital music initiative）は，その流れの中で，1998 年に国内外の業界関連団体が参画して設立されたフォーラムである。目的の一つは，著作権を保護しつつ，ディジタル音楽を消費者に流通させるためのフレームワークを確立し標準化を図ることであった。この目的を達成するために，ディジタル電子透かし技術が注目され，日本音楽著作権協会（JASRAC）が主導して，音響電子透かしの国際評価プロジェクトとして STEP2000 が催された。その翌年も STEP2001 が

開催されて，4 社が技術認定を受けた[6]。しかし，当時は要求条件を十分に満た
す手法が見付けられず，SDMI は 3 年でその活動を終えた。

　時代を同じくして一般に公開された Audio Stirmark は，電子透かしのベン
チマークを提供するソフトウェアであり，さまざまな攻撃をテストする機能を
有していた[7]。理論的に一定の安全性を達成できる暗号化技術と異なり，電子
透かしは，アルゴリズムやその性能特性が公開されることは安全性の低下を招
く場合が多い。透かし技術の向上を目的として使用するのであればよいが，悪
意を持つ者が使用すると，電子透かしへの攻撃手段として使われる危険性もあ
る。そのため，そのようなソフトウェアを一般公開することに対して問題視す
る意見も生じ，その後，一般配布が禁止されることとなる。

　2000 年以降，数多くの電子透かしに関連する研究発表が見られるが，評価指
標が統一されていなかったために，手法間の比較が困難な状態が続いた。これ
を問題視した研究者が集まり，一般社団法人電子情報通信学会のマルチメディ
ア情報ハイディング・エンリッチメント研究会のもとで情報ハイディング及び
その評価基準委員会（IHC）が 2011 年に設立され，性能評価の標準化に関する
議論や新しい手法の提案募集などをコンテスト形式で行っている[8]。SDMI の
行っていた活動に近い内容であるが，音楽流通のみを意識したものではなく，情
報ハイディング技術の学術的な発展および向上に寄与することを目的としてい
る。これは，情報ハイディングに関して統一的な評価基準が従来存在せず，そ
れが健全な技術発展を遅らせていると考えられたからである。そのため，情報
ハイディングの基礎特性を公平，公正に比較できるようなフレームワークを提
供することに活動の主眼が置かれている[9]。

1.4.3　実社会応用の動向

DVD-audio の不正再生防止には，電子透かしが利用されているといわれてい
る[10]。もし，適切な透かし情報のないメディアをプレーヤーが再生しようとす
ると，再生を停止する仕組みが組み込まれている。

　映画などのディジタルコンテンツには，ディジタルコピーを防止するさまざ

まな手法が採用されており，それらを破ることは容易ではない。しかし，一度
アナログを介する攻撃，つまり，再生している画面を別のビデオカメラで撮影
する手法には効果がない。市販カメラのめざましい性能向上により，アナログ
コピーでも商業価値を損ねない程度の複製が可能となり，著作権者に経済的な
損害を与えるほどの影響力を持つまでに至っている。そのため，そのようなコ
ピーに対抗する技術もいくつか開発されている。それらの技術を用いて音声信
号に電子透かしを入れておくことで，例えば，アナログコピーしたものを再生
したときに，それがコピーされたものであることを再生装置が検出し，警告文
を表示させたり再生を停止するなどの処置がとれるようになる。

　音のユニバーサルデザイン化を目指した利用も実証実験の段階にきている。
日本語によるアナウンスやナレーションは，日本語がわからない人には情報が
伝わらない。日本語で行われるアナウンスやナレーションに対して，その内容
に対応するコードを電子透かしとして重畳しておけば，図 **1.13** に示すようにス
マートホンのアプリにおいて，端末の設定言語に応じてその言語で内容を音声
合成により再生したり，画面にその言語で表示することができる。例えば，国
際空港でのアナウンスなどは，雑音や残響により母語話者であっても聞き取り
が難しい。一方で，放送内容のバリエーションは多くなく，多くが定型文であ
り，変化するのは乗客の名前や便名，ゲート名などである。特にアナログ伝搬
耐性を有する電子透かしでは，秘匿情報量は大きく制限されるが，定型文の部
分をあらかじめリストとして受信側の端末に準備しておくことで，伝送すべき
情報量を実用的なレベルにまで削減することができる。ましてや，出口の案内

図 **1.13**　音響情報のユニバーサルデザイン

のように同じ文章の完全な繰り返し放送では，そのアナウンスを示すコードを送るだけで，旅行者は自分のスマートホンの言語設定に基づき母国語でその案内の情報を音声やテキストで得ることができるようになる。このようなサービスは，空港に限らず駅や商業施設に設置されていると便利であろう。

　テレビで放映している番組の映像あるいは音声に，透かしとして字幕情報を埋め込む応用もある。それを検知したスマートホンは，その端末の言語設定に応じて，字幕をスマートホンの画面上に表示できる。オリジナルのコンテンツは一つのまま，さまざまな言語に対応できるばかりでなく，字幕を必要としない人と必要とする人が同じ画面を観ていても，個々の視聴者に応じた情報提供が実現される。表示するものは，字幕ばかりでなくそのタイミングで画面に表示されているものについてのさまざまな情報を提示することができる[11], [12]。もう一つの情報提示デバイスが用いられることから，このような技術サービスは「セカンドスクリーン」と呼ばれる。図 1.14 は，セカンドスクリーンの構成例を示したものである。セカンドスクリーンにおいて，情報ハイディングを用いることは必須ではないが，メインディスプレイで表示されている内容を同期させる手段として利用することができる。現在のテレビセットには無線機能が付いていないものが多いため，有用な手段となる。スマートホンに限らず，タブレット端末やウェアラブルデバイスが対応することで，さまざまな応用が期待される。イヤホンをスマートホンに接続すれば，同じ場所で同じ画面を見ているのに，それぞれで別々の言語の音声で番組を視聴することも可能になるかも

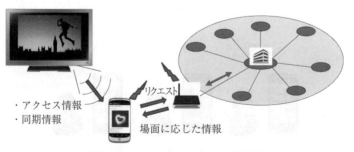

図 1.14　セカンドスクリーンの構成例

しれない。

　特定の場所に行くと，そこで流れている BGM に埋め込まれている透かし情報を用いて，その位置から見えるものの情報を携帯端末で提示することもできる。この場合は，透かしには情報にアクセスするのに必要な URL などのポインタとなる情報が埋め込められればよい。それ以上の情報は，ネットワーク経由で入手できる。したがって，ここで用いられる情報ハイディング手法が達成すべきペイロードを下げることができる。

　単に不正コピーを防ぐばかりでなく，ネット社会においてコンテンツの広がりを追跡する手段としての利用も考えられている。コンテンツのディジタルコピーをすると，自動的にそれを実行した者の情報が電子透かしに追加されていくようにすると，あるコンテンツがネット上で発見された際に，どのような経路でそれがそこに至ったのかを後から追跡することが可能となる。著作権者の透かしを恒久的に埋め込むことで，コピーする行為を阻止するのではなく，コピー自体はできるがそれを行うとコピーを行った者の痕跡が残るようにするという考え方である。一種の**指紋**（fingerprint）であり，電子透かしが電子指紋技術の一つと考えることができるゆえんである。2000 年頃から盛んに開発が進められた音響ハイディング技術であるが，はじめの頃の手法は提案から 10 年以上が経過し，実社会で使える程度にまで成熟してきたといえる。その一方で，新たな特性を持つ情報ハイディング技術の研究も続いており，それらの実社会展開も今後期待される。情報ハイディングは，それ自体がなんらかのサービスを実現するものではないが，インターネット時代におけるディジタルコンテンツの流通を陰で支える基盤技術として，実社会のさまざまな場面で今後も使われることになるであろう。

引用・参考文献

1)　F. Cayre and P. Bas：Kerckhoffs-Based Embedding Security Classes for WOA Data Hiding, IEEE Trans. Inf. Forensics Security, **3**(1), pp. 1–15

(2008)

2)　栗林　稔：ケルクホフスの原理に基づく電子透かしの安全性, 信学技報, **114**(316), pp. 43–48 (2014)

3)　A. Westfeld and A. Pfitzmann : Attacks on Steganographic Systems, Information Hiding: Third International Workshop, IH'99, Proceedings, pp. 61–76 (2000)

4)　ITU-R BS.1116 Methods for the subjective assessment of small impairments in audio systems

5)　ITU-R BS.1387 Method for objective measurements of perceived audio quality

6)　http://www.jasrac.or.jp/release/01/10_2.html（2016 年 6 月現在）

7)　http://www.petitcolas.net/watermarking/stirmark/（2017 年 10 月現在）

8)　http://www.ieice.org/iss/emm/ihc/（2017 年 10 月現在）

9)　K. Iwamura, M. Kawamura, M. Kuribayashi, M. Iwata, H. Kang, S. Gohshi, and A. Nishimura : Information Hiding and its Criteria for Evaluation, IEICE Trans. Inf. Syst., **E-100D**(1), pp. 2–12 (2017)

10)　加藤　拓, 遠藤直樹, 山田尚志：DVD-Audio におけるコンテンツ保護技術, 東芝レビュー, **56**(7) (2001)

11)　http://techon.nikkeibp.co.jp/atcl/column/15/111000020/111200003/（2017 年 10 月現在）

12)　http://www.disney.co.jp/studio/guide/secondscreen.html（2016 年 10 月現在）

13)　松井甲子雄：電子透かしの基礎 – マルチメディアのニュープロテクト技術, 森北出版 (1998)

量子化における音響情報ハイディング技術

　音のデータをディジタル処理する場合，各サンプルを量子化してディジタルデータにしてから処理を行う。このとき，通常は量子化前のデータと量子化後のデータの間の誤差が小さくなるように量子化を行う。このとき，誤差最小から少しずらしたコードに量子化することによって，量子化されたコードに情報を埋め込むことが可能になる。本章では，このように量子化コードに情報を埋め込む手法について解説する。

2.1 LSB 置 換 法

　LSB 置換法（LSB substitution）は，量子化されたメディアデータに情報を埋め込む基本的な方法の一つである。この方法は，量子化されたサンプルの2進数表現の**最下位ビット**（least significant bit, LSB）に情報を埋め込む。つねに最下位の 1 bit を使う単純な方法から，音質を考慮して使用するサンプルを選ぶ方法など，さまざまな方法が考案されている。

2.1.1　スカラ量子化

　量子化（quantization）あるいは**スカラ量子化**（scalar quantization）は，ある元データ（典型的にはアナログデータ）を離散的なレベルに対応させる手法である。アナログデータをディジタル処理する場合には必ず量子化が必要であり，また量子化されたディジタルデータをさらに粗く量子化することもある。元データを x，離散的なレベルを $p_0 < p_1 < \cdots < p_K$ とするとき

$$Q(x) = \arg\min_k |x - p_k| \tag{2.1}$$

として x に対する量子化コード $Q(x)$ $(0 \leq Q(x) < K)$ を決める。ここで，$\arg\min_k f(k)$ は，「$f(k)$ が最小値をとるときの k の値」を意味する。すなわち，x と p_k の差が最も小さくなる k を量子化コード $Q(x)$ とする。ここで，p_k の間隔（すなわち $p_k - p_{k-1}$）がすべて等間隔の場合，このような量子化手法を**線形量子化**（linear quantization）という。一方，間隔が等間隔でない場合は，**非線形量子化**（nonlinear quantization）と呼ばれる。

量子化コード $q = Q(x)$ があったとき，q を元の値に戻す操作

$$x' = Q^{-1}(q) \tag{2.2}$$

を逆量子化という。逆量子化によって得られた値 x' は，量子化前の値 x とは一般に異なる。このとき，x と x' の差を量子化誤差という。音信号においては，一般に量子化誤差は雑音であるため，量子化誤差を量子化雑音ともいう。

線形量子化，非線形量子化いずれの場合にも，量子化コード数 K は 2 のべき乗であることが多い。これは，量子化した値をある桁数の 2 進数として表現するのに好都合だからである。この場合，$K = 2^B$ とすれば，量子化コードは B bit の 2 進数（値としては $0 \leq Q(x) \leq 2^B - 1$）になる。量子化コードを 2 の補数で表現し，$-2^{B-1} \leq Q(x) \leq 2^{B-1} - 1$ とすることも多い。

線形量子化では量子化レベルは等間隔であるから

$$p_k = x_0 + k\Delta \tag{2.3}$$

と表すことができる。x_0 は量子化コード 0 に対応する値，Δ は量子化幅である。入力値 x と量子化コード $Q(x)$ の関係を図 **2.1** に示す。線形量子化の例として，コンパクトディスク（CD）では音信号を 16 bit（$2^{16} = 65\,536$ 段階）に量子化している。

一方，非線形量子化にはさまざまな方法がある。音声信号を非線形量子化する場合には，音声のサンプル値が 0 付近に集中する性質を利用して，0 付近の値を細かく量子化し，絶対値の大きい値は粗く量子化する方法がよく用いられる。

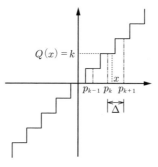

図 **2.1** 線形量子化

非線形量子化の例を図 **2.2** に示す。x の絶対値が小さい場合には，x の微小な変動によって割り当てられるコードが変わる一方，x の絶対値が大きい場合には x が大きく変動してもコードが変化しないことがわかる。このように x の絶対値に応じて量子化レベルを変えることで，出現しやすいサンプルの誤差を小さくし，信号強度に対する量子化雑音強度を平均的に抑制することができる。

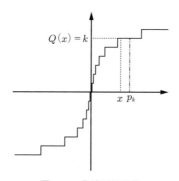

図 **2.2** 非線形量子化

非線形量子化の例として，音声通信に使われる符号化方式 G.711 がある[1]。この方法は，8 kHz サンプリングで線形量子化された PCM 符号化音声信号を，8 ビット非線形量子化音声に変換する符号化方式である。G.711 には μ-law と A-law の二つの変換方式があり，日本とアメリカでは μ-law が，ヨーロッパでは A-law が使われている。14 bit 量子化されたサンプルを $-8\,192 \leqq x < 8\,192$ とし，これを 8 bit に変換する関数を $Q(x)$ とするとき，μ-law の変換関数はつ

ぎのように定義される[2])。

$$Q(x) = \left\lceil y_{\max} \frac{\ln\left(1 + \mu|x|/x_{\max}\right)}{\ln(1 + \mu)} \right\rceil \mathrm{sgn}(x) \tag{2.4}$$

ここで，$\mu = 255$，$x_{\max} = 2^{13}$，$y_{\max} = 2^7$ である。また，$\ln(x)$ は自然対数，$\mathrm{sgn}(x)$ は，$x \geqq 0$ の場合に 1，$x < 0$ の場合に -1 を返す符号関数である。

2.1.2 単純な LSB 置換法

最も単純な LSB 置換法では，各サンプルのコードの LSB に情報を埋め込む。いま，データを B bit で量子化することを考えよう。サンプル x を量子化したコード $Q(x)$ は 0 以上 $2^B - 1$ 以下の値を持つ。$Q(x)$ の 2 進表現を $b_{B-1} \cdots b_1 b_0$ とすると（$b_i \in \{0, 1\}$）

$$Q(x) = \sum_{i=0}^{B-1} b_i 2^i \tag{2.5}$$

である。ここで，このサンプルに埋め込みたいメッセージを $m \in \{0, 1\}$ とする。このとき

$$Q'(x, m) = m + \sum_{i=1}^{B-1} b_i 2^i \tag{2.6}$$

としてデータが埋め込まれたコードを生成する。すなわち，元の量子化コードの LSB b_0 を捨てて，埋め込みたいメッセージ 1 bit で置換するわけである。$Q'(x, m)$ の 2 進表現は $b_{B-1} \cdots b_2 b_1 m$ となる。埋め込んだデータを抽出するときは，コードの LSB を取り出すだけでよい。

LSB 置換の例を**表 2.1** に示す。この例では，4 bit の非負整数 5，11，10，6

表 2.1 LSB 置換の例

カバーデータ		メッセージ	ステゴデータ	
10 進数	2 進数		2 進数	10 進数
5	0101	0	0100	4
11	1011	1	1011	11
10	1010	0	1010	10
6	0110	1	0111	7

というカバーデータに，メッセージ 0, 1, 0, 1 を埋め込んでいる。それぞれの
数の LSB をメッセージに置き換えることで，ステゴデータ中にメッセージが埋
め込まれていることがわかる。

　LSB 置換法は，さまざまなよい特徴を持っている。まず，原理が単純である
ため，埋め込み，抽出とも非常に高速である。カバーデータはスカラ量子化さ
れたデータであればなんでもよいので，音声だけでなく画像データであっても
同じ手法が使えるし[3]，音響信号の場合は，PCM 符号化音声だけでなく高効率
符号化されたデータにも適用できる[4]。さらに，1 サンプルに 1 bit の情報を埋
め込めるので，埋め込み容量が比較的大きい。また，量子化手法が線形量子化
である場合には，埋め込みによって生じる雑音は一定のレベル以下に抑えられ
るため，元の音声に対する音質の劣化が比較的少ない。

　LSB 置換法の欠点は，攻撃耐性が低いことである。攻撃として信号に微小な
雑音を加えれば，信号の音質をほとんど下げずに，埋め込みデータを破壊する
ことができる。直接雑音を加えるだけでなく，結果として雑音が混ざるさまざ
まな信号処理（フィルタリング，時間伸縮，ピッチシフトなど）にも同様に脆
弱である。したがって，LSB 置換法をそのまま利用する方法は，通常の電子透
かしの手法としては適していない。一方，信号処理によって容易に破壊される
性質を利用して，LSB 置換法はフラジャイル電子透かしの手法として使われる
ことがある[5]。また，攻撃を想定しなくてよい補助情報埋め込み手法[6] にも適
している。

2.1.3　頑健性の向上

　前述の通り，LSB 置換法は微小な雑音の付加による攻撃に脆弱である。ここ
で，カバーデータが 16 ビット PCM 線形符号化音声（CD の音声など）のよう
に，量子化ビット数が大きい場合には，必ずしも LSB でなく，例えば最下位か
ら 2 bit 目や 3 bit 目にメッセージを埋め込むことも考えられる。全体の量子化
ビット数が大きければ，LSB 置換による雑音の絶対値が大きくても，信号対雑
音比は十分小さくなりうる。また，雑音付加攻撃に対する耐性が向上する。

Cvejic と Seppänen は，このような場合に，頑健性を保持しつつ音質を向上する手法を提案した[7]。この方法は，下から 2 bit 目より上位のビットに対する LSB 置換による誤差を低減する方法である。図 **2.3** は，16 bit 量子化されたサンプルの下から 4 bit 目を置換する例を示している。オリジナルの下位 4 bit が 1100 であるとき，下から 4 bit 目に 0 を埋め込む場合は，新たな下位 4 bit は 0100 となる。このとき，さらに下位 3 bit を操作してもよければ，オリジナルデータである 1100 と，埋め込みを行ったデータ 0xxx が最も近くなるように下位 3 bit（xxx の部分）を決めることができる。この場合，下位 3 bit が 111 のときに最も誤差が少なくなる。埋め込む前と後のビットが同じである場合には，下位 3 bit を操作する必要はない。メッセージを取り出す場合には，単に情報が埋め込まれたビットを取り出すだけでよく，新たに操作した下位ビットは埋め込まれたデータに影響を与えない。

0010 1001 1010 1100	オリジナル
0010 1001 1010 **0**100	下から 4 bit 目を置換
0010 1001 1010 **0111**	誤差低減

図 **2.3**   最下位でないビットを置換する場合の誤差低減例

2.1.4 適応的 LSB 置換法

単純な LSB 置換法の問題点としては，攻撃に弱いという点以外に，非線形量子化された信号に対して品質劣化が大きいという点も挙げられる。非線形量子化された信号に対して LSB 置換法を適用した場合，元の信号の大きさによって LSB 置換による雑音の大きさが変化し，場合によっては音質を劣化させる。

量子化されたサンプルを q，LSB を置換したサンプルを q' とし，逆量子化操作を $Q^{-1}(q)$ とすると，線形量子化の場合には

$$Q^{-1}(q) = x_0 + q\Delta \tag{2.7}$$

$$Q^{-1}(q') = x_0 + q'\Delta \tag{2.8}$$

かつ $|q - q'| \leqq 1$ であることから，$|Q^{-1}(q) - Q^{-1}(q')| \leqq \Delta$ であり，逆量子化

したサンプルの誤差が一定以下であることが保証されている。しかし，非線形
量子化の場合は $|Q^{-1}(q) - Q^{-1}(q')|$ の値は q に依存し，元のサンプル値が大き
ければ誤差も大きくなる。そのため，例えば G.711 符号化音声に対して単純な
LSB 置換法を適用すると，音の大きい部分で雑音が聞こえることになる。例と
して，正弦波を G.711 で符号化し，それをそのまま復号したものと，LSB 置換
によって LSB を置き換えて復号したものの比較を図 2.4 に示す。値の大きい
ところで，LSB 置換をした場合の雑音（白丸と黒丸の差）が大きいことがわか
る。これを改善するために，サンプルの値に応じて LSB 置換を行うかどうかを
制御する**適応的 LSB 置換法**（addaptive LSB substitution）が提案されてい
る。これにはいくつかの方法がある。

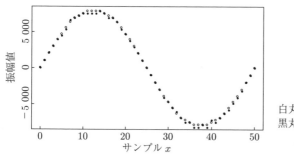

白丸が LSB 置換なし
黒丸が LSB 置換あり

図 **2.4**　G.711 に単純な LSB 置換を適用した結果

〔1〕 選択的 LSB 置換法

Aoki は値の小さいサンプルだけにデータを埋め込むことで音質を改善する方
法（**選択的 LSB 置換法**（selective LSB substitution））を提案した[6]。この方
法では，サンプル値の絶対値が小さいサンプルにのみ，LSB 置換によって情報
を埋め込む。この方法の例を図 2.5 に示す。図中，黒丸のサンプルにのみ LSB
置換を適用する。この方法では，埋め込むデータ量と音質のトレードオフを制
御することができる。

　あらかじめ決められたビットレートで情報を埋め込むには，つぎのようにす
る。いま，N サンプル中に K bit の情報を埋め込むことを考えよう（$K \leq N$）。

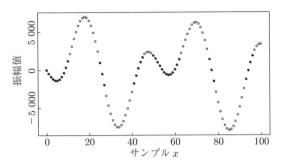

図 **2.5** 選択的 LSB 置換法

情報を埋め込むサンプルを $q_1, \cdots, q_N$ とし，サンプル q_i の LSB をクリアする
操作を $C(q)$ とする。数式的には

$$C(q) = 2 \left\lfloor \frac{q}{2} \right\rfloor \tag{2.9}$$

と表すことができる。ここで $\lfloor x \rfloor$ は x を超えない最大の整数（すなわち，x の小
数点以下を切り捨てたもの）を表す。$1, 2, \cdots, N$ の並べ替えを $r(1), r(2), \cdots,$
$r(N)$ とし

$$|C(q_{r(1)})| \leqq |C(q_{r(2)})| \leqq \cdots \leqq |C(q_{r(N)})| \tag{2.10}$$

となるようにする。ただし，$|C(q_{r(i)})| = |C(q_{r(i+1)})|$ ならば $r(i) < r(i+1)$
となるように r を決める。これは，マージソートなど安定なソートアルゴリズ
ムを使って r を決めることで実現できる。このようにして x の LSB をクリア
したサンプルを絶対値の昇順に並べ，絶対値が小さい方から K 個のサンプル
に LSB 置換法を実行する。埋め込むメッセージを $m_1, \cdots, m_K \in \{0, 1\}$ とす
ると

$$q'_{r(i)} = \begin{cases} C(q_{r(i)}) + m_i, & i \leqq K \\ q_{r(i)}, & \text{otherwise} \end{cases} \tag{2.11}$$

のようにしてデータを埋め込む。その後サンプルの順番を元に戻す。

　埋め込んだ情報の取り出しの際は，埋め込みと同じ手順でサンプルを並べ替
える。このとき，q_i の LSB を無視して（すなわち，$C(q_i)$ に対して）並べ替え

の順番を決めているので，並べ替えの順序は LSB に埋め込んだ情報の影響を受けず，埋め込み前と同じ順番にサンプルを並べることができる。そこで埋め込みに使ったサンプルから LSB の情報を取り出せば，埋め込んだ情報を同じ順番で取り出すことができる。

〔**2**〕 **埋め込み可能ビット数推定による LSB 置換法**

Ito らは，G.711 符号化音声に対して，LSB 置換法によって埋め込みが可能な最大ビット数を低ビットレート音声符号化器によって推定する方法を提案した[8]。

同一の音声を低ビットレートエンコーダ（典型的には G.726 ADPCM[9]）と G.711 でそれぞれ符号化することを考える。このとき，低ビットレートエンコーダの出力コードと G.711 のコードの対応を調べると，低ビットレートエンコーダの一つの出力コードに対し，一般に G.711 の複数のコードが対応する。そこで，この G.711 における複数のコードを選択することで，情報の埋め込みを実現する。より具体的には，G.726 ADPCM エンコーダが出力する符号ビットが変化しない範囲で G.711 の下位ビットに情報を埋め込む。この手法の利点は，サンプルの下から 2 bit 目以降も埋め込みに使うことができることと，埋め込みを行った後のホスト信号の品質が ADPCM による符号化音声の品質以上であることがつねに保証されることである。

B bit でスカラ量子化されたコード q の下位 j bit を 0 にした値を返す関数を $m_j^-(q)$ とし，同様に下位 j bit を 1 にした値を返す関数を $m_j^+(q)$ とする。つぎに，過去の入力 $o_1, \cdots, o_{i-1}$ と現在の入力 o_i に対して，低ビットレートエンコーダから出力されるコードを $I(o_i | o_1, \cdots, o_{i-1})$ とする。ここで，G.711 音声に対して，低ビットレートエンコーダの出力符号が変化しない範囲で原信号にデータを埋め込めば，出力される G.711 音声符号の品質は低ビットレートエンコーダの品質と同程度であることが保証される。この考えに基づき，i 番目のサンプルに埋め込むことのできるビット数 e_i をつぎのように決定する。メッセージが埋め込まれた G.711 コードを q_i' とするとき，それを逆量子化したサンプルを

$$\hat{o}_k = Q^{-1}(q'_k) \tag{2.12}$$

とする。このとき，$I_0(i,j)$ と $I_1(i,j)$ をつぎのように定義する。

$$I_0(i,j) = I(Q^{-1}(m_j^-(q_i))|\hat{o}_1,\cdots,\hat{o}_{i-1}) \tag{2.13}$$

$$I_1(i,j) = I(Q^{-1}(m_j^+(q_i))|\hat{o}_1,\cdots,\hat{o}_{i-1}) \tag{2.14}$$

すなわち，$I_b(i,j)$ は「i 番目のコードの下位 j bit を b に置換したときの低ビットレートエンコーダの出力コード」を表す。つぎに，「i 番目のコードに対して，適当な値に置換しても低ビットレートエンコーダの出力コードが変化しない最大の下位ビット数」を表す e_i はつぎのように計算される。

$$e_i = \max_j\{j|I_0(i,j) = I_1(i,j)\} \tag{2.15}$$

ここで，e_i は $I_0(i,e_i)$ と $I_1(i,e_i)$ が同じ結果を返す最大の値として求められる。そのため，i 番目のサンプルに対して e_i bit 以下で埋め込みを行っても，I_1 と I_0 を計算した低ビットレートエンコーダの出力は，原音声に対する低ビットレートエンコーダ出力とまったく同じである。したがって，埋め込みを行った音声の品質は，低ビットレートエンコーダの出力音声と同等以上であることが保証される。

　情報が埋め込まれた音声から情報を取り出す際には，i 番目のサンプルに何 bit の情報が埋め込まれているかを式 (2.15) に従って知ることができる。

　G.726 ADPCM には，16 kbit/s から 40 kbit/s までのいくつかのビットレート設定がある。提案する情報ハイディング法で参照用に用いる低ビットレート符号方式として ADPCM エンコーダを用いるとき，そのビットレート設定を変えると，情報を埋め込んだ音声の品質と埋め込み情報のビットレートを制御することができる。すなわち，ADPCM エンコーダのビットレートが大きいほど，情報を埋め込んだ音声の品質は上がり，埋め込み情報のビットレートは下がる。

2.2 量子化インデックス変調（**QIM**）

2.2.1 原　　　理

量子化インデックス変調（quantization index modulation, QIM）[10] は，二つ（以上）の量子化器を使うことによって情報を埋め込む手法の総称である。まず単純な方法から説明しよう。線形量子化器 Q_0 と Q_1 を考える。ここで例えば

$$Q_0(x) = \arg \min_k |x_0 + k\Delta - x| \tag{2.16}$$

$$Q_1(x) = \arg \min_k \left| x_0 + k\Delta + \frac{\Delta}{2} - x \right| \tag{2.17}$$

とすれば，Q_0 と Q_1 の量子化の基準値はちょうど半分ずれることになる。これを図 **2.6** に示す。

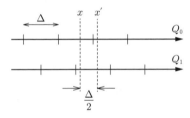

図 2.6 QIM の例

　ある値 x があったとき，それを Q_0 で量子化したときと Q_1 で量子化したときでは一般に量子化誤差が異なる。図では，x は Q_1 の基準値に近いため，Q_1 で量子化した方が量子化誤差が小さくなる。一方，x の値を少し変更して図中の x' のような値にすれば，Q_0 で量子化したときの誤差の方が小さくなる。そこで，x を Q_i で量子化したときの誤差の絶対値を $\epsilon_i(x)$ とし，メッセージを $m \in \{0, 1\}$ とするとき

$$x' = \begin{cases} x, & \epsilon_m(x) < \epsilon_{1-m}(x) \\ x + \dfrac{\Delta}{2}, & \text{otherwise} \end{cases} \tag{2.18}$$

のように x' を決めれば，つねに $\epsilon_m(x') < \epsilon_{1-m}(x')$ となるため，二つの量子化器の量子化誤差を調べれば，量子化誤差が小さい方の量子化器の番号としてメッセージ m を知ることができる。

この方法のポイントは，ステゴデータの値 x' を Q_0 や Q_1 で量子化した値そのものにするのではなく，それらの量子化器で量子化した場合に誤差が小さくなる値に変更するという点である。これにより，埋め込みに伴ってステゴデータ値の分布が不自然になることを防ぐことができる。

これまで説明した QIM による情報の埋め込み例を**表 2.2**に示す。カバーデータは 11，−6，−4，49，−19，−21，33，−30，29，−23 の 10 個の数値であり，量子化幅 $\Delta = 6$ とする。量子化器 Q_0, Q_1 は

$$Q_0(x) = \arg \min_{k=-10,\cdots,10} |6k - x| \tag{2.19}$$

$$Q_1(x) = \arg \min_{k=-10,\cdots,10} |6k - x + 3| \tag{2.20}$$

とする。x を Q_0 と Q_1 で量子化したときの値が表の 2 列目と 3 列目であり，それぞれの量子化誤差の絶対値 $\epsilon_0(x)$, $\epsilon_1(x)$ が 4 列目と 5 列目に示されている。太字は $\epsilon_0(x)$, $\epsilon_1(x)$ のうち小さい方を示している。ここにメッセージ $m = 0$，1，0，1，0，1，0，1，0，1 を埋め込む場合，埋め込むメッセージに対応する量子化誤差の方が他方より大きい場合には x の値に $\Delta/2 = 3$ を加える。7 列目がステゴデータ x' であり，太字は値が操作されていることを示す。8，9 列目

表 2.2 QIM による符号化例

x	$Q_0(x)$	$Q_1(x)$	$\epsilon_0(x)$	$\epsilon_1(x)$	m	x'	$Q_0(x')$	$Q_1(x')$	$\epsilon_0(x')$	$\epsilon_1(x')$
11	12	9	**1**	2	0	11	12	9	**1**	2
−6	−6	−9	**0**	3	1	**−3**	0	−3	3	**0**
−4	−6	−3	2	**1**	0	**−1**	0	−3	**1**	2
49	48	51	**1**	2	1	**52**	54	51	2	**1**
−19	−18	−21	**1**	2	0	−19	−18	−21	**1**	2
−21	−24	−21	3	**0**	1	−21	−18	−21	3	**0**
33	30	33	3	**0**	0	**36**	36	33	**0**	3
−30	−30	−33	**0**	3	1	**−27**	−24	−27	3	**0**
29	30	27	**1**	2	0	29	30	27	**1**	2
−23	−24	−21	**1**	2	1	**−20**	−18	−21	2	**1**

はステゴデータを二つの量子化器で量子化した値，10, 11 列目はそれぞれに対する量子化誤差の絶対値である。埋め込みメッセージ m に対応した量子化器の量子化誤差が小さくなっていることがわかる。

2.2.2 ディ ザ 変 調

Chen と Wornell による QIM の論文では[10]，QIM の実現例として，上記のような単純な方法ではなく，ディザ（dither）を用いた方法が提案されている。ディザとは量子化の際に入力サンプルの値に加える雑音であり，ディザを利用することで量子化誤差と入力信号とを無相関化することができる[11]。

長さ L の系列 $x_1, \cdots, x_L$ に対して 1 bit のメッセージ $m \in \{0,1\}$ を埋め込むことを考える。量子化幅 Δ の線形量子化器 $Q(x)$ を用意し，また L 個のディザ $d_1^0, \cdots, d_L^0$ を $d_i^0 \in [-\Delta/2, \Delta/2]$ の一様乱数とする。このとき，量子化器 Q_0 を

$$Q_0(x; i) = Q(x + d_i^0) \tag{2.21}$$

とする。つぎに，ディザ d_i^1 を

$$d_i^1 = d_i^0 - \frac{\mathrm{sgn}(d_i^0)\Delta}{2} \tag{2.22}$$

とする。d_i^1 は，d_i^0 を原点に向かって $\Delta/2$ だけずらした値になる。また

$$Q_1(x; i) = Q(x + d_i^1) \tag{2.23}$$

とする。d_i^0 と d_i^1 は $\Delta/2$ だけずれているので，$Q_0(x; i)$ と $Q_1(x; i)$ はつねに異なる値を持つ。また，d_i^1 は，d_i^0 を原点に向かってずらしたものなので，$x + d_i^0$ がオーバーフローしなければ，$x + d_i^1$ は量子化時にオーバーフローを起こすことがない。

カバーデータ x_i にメッセージ m を埋め込むときには

$$x_i' = Q^{-1}(Q_m(x_i; i)) - d_i^m \tag{2.24}$$

として $x_1', \cdots, x_L'$ に同じメッセージを埋め込む。情報を取り出す場合は，$x_1', \cdots, x_L'$ について

$$E_0 = \sum_{i=1}^{L} \epsilon_0(x_i')^2 = \sum_{i=1}^{L} (x_i' - Q^{-1}(Q_0(x_i'; i)) + d_i^0)^2 \qquad (2.25)$$

$$E_1 = \sum_{i=1}^{L} \epsilon_1(x_i')^2 = \sum_{i=1}^{L} (x_i' - Q^{-1}(Q_1(x_i'; i)) + d_i^1)^2$$

を計算し，誤差の少ない量子化器の番号をメッセージ m とする。実際，正しい量子化器 Q_m で量子化をした場合，x_i' に関する量子化誤差は 0 となる。ある程度 x_i' に雑音が加算されても，L を大きくすることで雑音に対する耐性を増すことができる。

QIM 法は 2 種類の量子化器を使うことだけが条件なのでさまざまなバリエーションがあり，スカラ量子化だけでなくベクトル量子化にも応用できる。Bo らの提案した方法[12]では，低ビットレート音声符号化方式である iLBC と G.723.1において，ベクトル量子化されたパラメータに QIM 法によって情報を埋め，100〜200 bit/s のビットレートを達成している。

2.3　可逆電子透かし

2.3.1　可逆電子透かしとは

通常の電子透かし法では，カバーデータに透かし情報を埋め込むことによって，ステゴデータの品質は元のカバーデータよりも劣化するのが普通である。カバーデータから見れば，秘密メッセージは雑音と見ることができるためである。通常は，秘密メッセージの内容が抽出できたとしても，それによってステゴデータの品質を上げることはできない。しかし，メッセージを抽出した後，その情報を使って元のカバーデータを完全に復元できるデータハイディングの方法があり，このような方法は**可逆電子透かし**（reversible watermarking）と呼ばれる。Friedrich らによる初期の方法[13], [14]は画像に対するデータハイディング法であるが，オーディオ信号に対しても同様の方法が開発されている[15]〜[18]。

可逆電子透かしは，LSB 置換法など，埋め込み容量の大きいデータハイディング法と組み合わせて用いられるが，原理的には埋め込みの方法はどんな方法

であってもよい。ここでは単純な LSB 置換法に基づく方法を説明する。

LSB 置換法では，カバーデータの LSB に情報を埋め込むので，そのままだとカバーデータの LSB の情報は失われ，ステゴデータを元に戻すことができなくなる。ここで，元のカバーデータの LSB の内容を集めたビットマップを C，埋め込みたい秘密メッセージを W とする。C の情報量はペイロードと同じであるが，これをランレングス圧縮や算術圧縮などの可逆圧縮法により圧縮したデータを C' とする。一般に C' の情報量は C より小さくなる。そこでまずカバーデータの LSB に C' を挿入し，余ったペイロードに W を挿入する。このとき，C' と W の区切りを知るため，埋め込み情報にヘッダ情報か区切り記号を入れておく必要がある。

埋め込みデータを抽出するときには，まずステゴデータの LSB から C' と W を取り出し，C' を伸張して LSB に書き戻すことによって元のカバーデータを復元することができる。

2.3.2 差分拡大法

可逆電子透かしにはさまざまなバリエーションがある。画像に対しては，隣接する 2 ピクセルの差分に情報を埋め込む方法（差分拡大法）がある[19]。隣接する 2 ピクセルの値を a, b とするとき，その差分

$$d = b - a \tag{2.26}$$

を考える。このとき，① 秘密メッセージ $m \in \{0, 1\}$ に対して，差分を 2 倍して m を加える方法

$$b' = a + 2d + m \tag{2.27}$$

と，② 差分の LSB を置換する方法

$$b' = a + 2\left\lfloor \frac{d}{2} \right\rfloor + m \tag{2.28}$$

の両方で b' がオーバーフローかアンダーフローを起こすかどうかをチェックす

る。画像のピクセルの場合は $b' < 0$ または $255 < b'$ となるかどうかをチェックすることになる。① がオーバーフローやアンダーフローを起こさない場合は ①，それ以外で ② がオーバーフローやアンダーフローを起こさない場合は ② の方法で埋め込みを行い，それ以外の場合には埋め込みを行わない。

上記において，① の場合には $d = \lfloor (b' - a)/2 \rfloor$ であるから，元の差分 d が復元でき，さらに $b = a + d$ によって b の値が復元できる。一方，② の場合には LSB が失われるため，そのままでは元のデータが復元できない。

つぎに実際に埋め込むデータとして，まず ① の方法でデータを埋め込んだ場所を表すビットマップのデータ M，② の方法で埋め込んだ場所において失われる LSB のデータ C，および本当に埋め込みを行いたいデータ W を用意する。つぎに M と C を可逆圧縮法で圧縮し，M' と C' を作る。最後に，M'，C'，W をまとめてカバーデータに埋め込む。

抽出過程においては，まずステゴデータの全ピクセルペアに対して，①，② の方法で埋め込みが行えるかどうかを判定する。埋め込みが行える場合には，①，② いずれの方法で埋め込んだかにかかわらず，ピクセルペアの差分の LSB に情報が埋め込まれているので，それを抽出する。抽出された情報（M'，C'，W）から，可逆圧縮を元に戻して M と C を得る。M から，① の方法で埋め込みを行った場所が特定できるので，その場所については $d = \lfloor (b' - a)/2 \rfloor$ で差分を復元し，さらに元のデータを復元する。② の方法で埋め込みを行った場所については，C から差分の LSB を復元し，さらに元のデータを復元する。

2.3.3　予測誤差拡大法

オーディオデータについては，Yan と Wang による方法が類似の手法を使っている[16]。この方法では，過去のサンプルからの線形予測分析によるサンプル予測値と現在のサンプル値との誤差を計算し，その誤差を 2 倍して LSB に情報を埋める。

現在のサンプル値を x_i とするとき，予測値を

$$p_i = \sum_{k=1}^{3} -(-1)^k C_k x_{i-k} \tag{2.29}$$

とする。C_k は予測係数であり，いくつかある予測係数のセットの中から誤差が最小となるものをあらかじめ選んでおく。予測値とサンプル値の差分は

$$d_i = x_i - p_i \tag{2.30}$$

である。この予測値を拡大してメッセージを埋め込む。メッセージを m_i とすれば

$$x'_i = p_i + 2d_i + m_i = x_i + d_i + m_i \tag{2.31}$$

となる。このとき x'_i がオーバーフローやアンダーフローを起こす場合は，データを埋め込まない。

　この方法でオーバーフローやアンダーフローを起こさずに情報を埋められる場所のマップ M を作成し，可逆圧縮により圧縮マップ M' を得る。予測係数情報と M' を合わせたものを補助情報 AD とする。AD をカバーデータの最後のサンプルの LSB に埋め込むことを考え，その際に失われる LSB のデータを C とする。

　ここまで用意した後，埋め込みを行う。まず，メッセージ W とデータ C を差分拡大によって予測値とサンプル値との差分に埋め込む。つぎに補助情報 AD をカバーデータの最後の方のサンプルの LSB に埋め込む。

　情報の抽出をする場合には，まずステゴデータの最後の方のサンプルの LSB から AD を取り出し，そこから予測係数とマップを復元する。つぎに予測係数とマップを使って W と C を順次復元する。最後に C を使って AD が埋め込まれていたサンプルの LSB を復元する。

引用・参考文献

1) International Telecommunication Union : G.711 : Pulse code modulation (PCM) of voice frequencies (1988)

2) J. J. Dubnowski：A Microprocessor Log PCM/ADPCM Code Converter, IEEE Trans. Commun., COM-26, pp. 660–664 (1978)

3) C.-K. Chan and L. M. Cheng：Hiding data in images by simple LSB substitution, Pattern Recognition, **37**, pp. 469–474 (2004)

4) J. Liu, K. Zhou, and H. Tian：Least-significant-digit steganography in low bitrate speech, Proc. IEEE ICC 2012 – Communication and Information Systems Security Symposium, pp. 1133–1137 (2012)

5) M. Löytynoja, N. Cvejic, E. Lähetkangas, and T. Seppänen：Audio Encryption Using Fragile Watermarking, 5th Int. Conf. Inf. Commun. Signal Process., pp. 881–885 (2005)

6) N. Aoki：A band extension technique for G.711 speech using steganography, IEICE Trans. Commun., **E89-B**(5), pp. 1896–1898 (2006)

7) N. Cvejic and T. Seppänen：Increasing Robustness of LSB Audio Steganography Using a Novel Embedding Method, Proc. Int. Conf. Inf. Tech.: Coding and Computing (ITCC'04), pp. 533–537 (2004)

8) A. Ito, S. Abe, and Y. Suzuki：Information hiding for G.711 speech based on substitution of least significant bits and estimation of tolerable distortion, IEICE Trans. Fundamentals, **E93-A**(7), pp. 1279–1286 (2010)

9) International Telecommunication Union：G.726：40, 32, 24, 16 kbit/s adaptive differential pulse code modulation (ADPCM) (1990)

10) B. Chen and G. W. Wornell：Quantization Index Modulation: A Class of Provably Good Methods for Digital Watermarking and Information Embedding, IEEE Trans. Inf. Theory, **47**(4), pp. 1423–1443 (2001)

11) L. Schuchman：Dither signals and their effect on quantization noise, IEEE Trans. Commun. Tech., **12**(4), pp. 162–165 (1964)

12) X. Bo, Y. Huang, and S. Tang：An approach to information hiding in low bitrate speech stream, Proc. IEEE Global Telecommun. Conf. (GLOBECOM 2008), pp. 1–5 (2008)

13) J. Fridrich, M. Goljan, and R. Du：Invertible authentication, Proc. SPIE, 1, pp. 197–208 (2001)

14) J. Fridrich, M. Goljan, and R. Du：Invertible authentication watermark for JPEG images, Proc. Int. Conf. Inf. Tech.: Coding and Computing, pp. 223–227 (2001)

15) M. van der Veen, A. van Leest, and F. Bruekers：Reversible Audio Water-

marking, Audio Engineering Society Convention 114 (2003)

16) D. Yan and R. Wang ∶ Reversible Data Hiding for Audio Based on Prediction Error Expansion, Proc. Int. Conf. Intell. Inf. Hiding Multimedia Signal Process. (IIH-MSP), pp. 249–252 (2008)

17) A. Nishimura ∶ Reversible Audio Data Hiding Using Linear Prediction and Error Expansion, Proc. Int. Conf. Intell. Inf. Hiding Multimedia Signal Process. (IIH-MSP), pp. 31–321 (2011)

18) M. Unoki and R. Miyauchi ∶ Reversible Watermarking for Digital Audio Based on Cochlear Delay Characteristics, Proc. Int. Conf. Intell. Inf. Hiding Multimedia Signal Process. (IIH-MSP), pp. 314–317 (2011)

19) D. M. Thodi and J. J. Rodríguez ∶ Expansion Embedding Techniques for Reversible Watermarking, IEEE Trans. Image Process., **16**(3), pp. 721–730 (2007)

符号化技術における音響 情報ハイディング技術

音声信号やオーディオ信号を扱う場合には，単にディジタル化（PCM 符号化）するだけでなく，高効率符号化によって圧縮処理をすることが多い。このような符号化には，例えば音声の CELP 符号化や音楽の MP3 符号化などがある。そこで，データハイディングによって音データに情報を埋め込んで流通させる場合，符号化を前提としたハイディング手法が必要になる。本章では，音楽信号と音声信号それぞれについて，符号化を前提としたハイディング手法を紹介する。

3.1 音楽符号化技術における音響情報ハイディング技術

音楽符号化における情報ハイディング法は，オーディオ信号そのものではなく，高効率符号化された音楽データ（しばしば符号化フォーマットの一部）に情報を埋め込む手法である。カバーデータは符号化された音楽データであって，音楽信号そのものではない。音楽を復号して PCM 形式に変換すると，多くの場合は埋め込んだ情報は失われる。そのため，ここで紹介する方法は，おもにステガノグラフィの手法として用いられる。

3.1.1 MP3 符号化

MP3[1] は，MPEG1 映像符号化方式の音声符号化部分のうち layer 3 に対応するオーディオ符号化方式である。本節で述べる音楽符号化データへの情報ハイディング方式を理解するためには，MP3 の原理とファイル形式について知る

ことが不可欠であるため，まず MP3 自体について説明する。

　MP3 は高効率符号化の一種であり，オーディオ信号を PCM 符号化の 1/10 程度まで大きな聴感上の劣化なしに圧縮することができる。これを実現するために，オーディオ信号を周波数帯域ごとに分割し，帯域ごとに最適な量子化レベルで量子化を行う。

　図 **3.1** は，オーディオ符号化の一般的な枠組みである。入力されたオーディオ信号は，まず**共役ミラーフィルタ**（quadrature mirror filter, QMF），**修正離散コサイン変換**（modified discrete cosine transform, MDCT），**Wavelet 変換**（wavelet transform）などの周波数分析方法によって周波数帯域ごとに分割され，それぞれの帯域で量子化される。このとき，音質劣化に寄与しない（すなわち，量子化雑音が聴感上気にならない）帯域は粗く量子化し，逆に量子化雑音が知覚されやすい帯域では量子化を細かくする。量子化を行った後，量子化された符号と，量子化レベルに関する情報などの副情報とを合わせてビットストリームを形成し，ハフマン符号などのエントロピー圧縮によりさらに圧縮を行う。

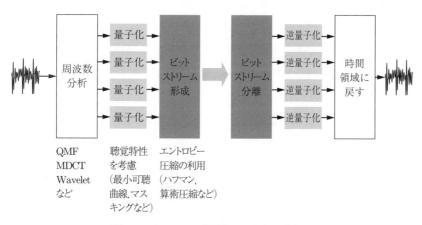

図 3.1　オーディオ符号化の一般的な枠組み

　図 **3.2** は，MP3 符号化器の概略である。入力信号は，まず周波数帯域を等分割するバンドパスフィルタの集まりであるポリフェーズフィルタバンクによっ

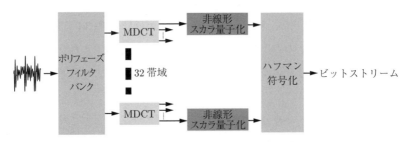

図 **3.2**　MP3 における符号化の枠組み

　て 32 帯域に分割され，さらに MDCT によって細かい周波数帯域に分割され
る。このときのフレーム幅は信号の状態によって異なり，定常的な信号に対し
ては長い時間窓，過渡的な信号に対しては短い時間窓を使うことでフレーム幅
を可変にしている。この処理により，過渡的な音を長い時間窓で分析したとき
に，信号が小さい部分に見られる雑音（プリエコー）を抑制することができる。
　周波数分析によって得られた MDCT 係数は，量子化，符号化される。量子
化にあたり，MDCT 係数の次元（周波数）を三つの範囲に分け，それぞれ異
なる符号化を行う。低次元の係数（big values）は比較的絶対値の大きい係数
が多いので，1 サンプルずつ非線形スカラ量子化される。それより上の次元で
は MDCT 係数の値が小さくなるため，ある範囲では MDCT 係数の値を 0，1，
-1 の三つのコードのいずれかに量子化することができる。この範囲では，4 サ
ンプルをまとめて一つの符号に符号化する。さらに上の次元の係数はすべて 0
に量子化される。この部分は係数の数だけが記録される（ランレングス圧縮）。
これを図 **3.3** に示す。
　非線形スカラ量子化を行う場合，ゲインによって量子化の粗さを制御する。
このとき，ゲイン調整は MDCT 係数一つ一つに対して行うのではなく，臨界帯
域と呼ばれるまとまりを単位として行う。臨界帯域は元々聴覚心理学の概念で
あり，大まかにいうと聴覚フィルタ（4.1 節で詳述）の帯域幅によって周波数を
区切ったものである。低い周波数では臨界帯域の周波数幅は狭く，高い周波数
では広くなっている。ある周波数における MDCT 係数の値を x，その量子化

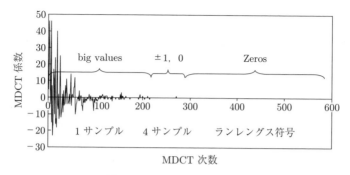

図 **3.3** MDCT 係数の量子化

コードを y と置くと，その関係は

$$
y = \left\lfloor \left| x \cdot 2^{\frac{(1+S_g)I_q[b]}{2}} - \frac{Q_{\mathrm{quant}}+Q_{\mathrm{anf}}}{4} \right|^{\frac{3}{4}} - 0.0496 \right\rfloor \tag{3.1}
$$

と表される。ここで S_g はグローバルゲインであり，全周波数での量子化の粗さを制御する。また $I_q[b]$ はスケールファクタであり，ある特定の帯域での量子化の粗さを決める。b は当該 MDCT 係数が属している臨界帯域の番号である。また，Q_{quant} と Q_{anf} はいずれも量子化コードの値が上限を超えないようにするための調整パラメータである。

　MP3 の量子化ステップを決めるための方法は少々複雑である。MP3 における量子化のアルゴリズムの概略を**図 3.4** に示す。MP3 は固定ビットレート，すなわちあるフレームのオーディオデータを決められた範囲のビット長で符号化することができる。そのために，量子化ステップを決めるには，いったん量子化してみて，そのビット長が目標値に十分近いかどうかを見ながら量子化を繰り返す必要がある。

　図 3.4 のアルゴリズムには，外側のループ（outer-loop）と内側のループ（inner-loop）の二重の制御ループがある。内側のループは，スケールファクタ（すなわち，各帯域の相対的な量子化の細かさ）を固定したときに，量子化ステップを調整しながら，量子化された MDCT 係数のビット長が目標値 L_g を超えな

グローバルゲイン，スケールファクタの初期化

```
do // 外側のループ：スケールファクタの再調整
グローバルゲイン初期化
    do // 内側のループ：MDCT 係数の量子化ビット長を目標に合わせる
       Qanf を調整
       X ← 量子化された MDCT 係数
       L ← X のビット長
    while L > Lg // Lg：目標の情報量                        内側のループ
    スケールファクタの各帯域の雑音パワーを求める
    // スケールファクタの調整
    for i ← 1 to 帯域数
       if i 番目の雑音パワー > i 番目のマスキング閾値 then
          i 番目のスケールファクタを増加
       end if
    end for
until スケールファクタの再調整がなくなるまで              外側のループ
```

図中の//の右側はコメントを表す

図 3.4 MP3 の量子化ループ

いように調整を行っている。外側のループでは，改めて各帯域の量子化雑音と雑音許容値とを比較し，スケールファクタの再調整を行う。これ以上スケールファクタの再調整が行われなくなるまで，外側のループが繰り返される。

3.1.2 MP3Stego と関連手法

MP3Stego[2) は，F. A. P. Petitcolas によって作られた MP3 へのデータハイディングのプログラムである。この方法では，1 フレームに 1 bit の情報を埋め込む。MP3 では，前述の通り，MDCT 係数を量子化したときのビット長を調整している。MP3Stego はこれを利用し，MDCT 係数の再調整の条件（図 3.4 における内側のループの while L > Lg の条件）に，「MDCT 係数のビット長 L の LSB が埋め込みたいビットに一致する」という条件を加える。したがって，各フレームの MDCT 係数のビット長の最下位を調べると，埋め込んだ情報を取り出すことができる。情報が埋め込まれているときの L は本当のビット長であるため，LSB 置換法のように既存のデータを操作しているわけではない。しかし，$L \leqq L_g$ となっても LSB が埋め込みビットに一致するまで圧

縮を続けるため，埋め込みを行わない場合よりも圧縮率が高くなり，音質は劣化する。

データハイディング法としての MP3Stego の説明は以上であるが，プログラムとしてはそのほかにもさまざまな機能があり，埋め込む情報の暗号化や，埋め込みを行うフレームを疑似乱数によって決定することなどができる。後者は埋め込みフレーム決定のためのキーがわからないと情報が取り出せないようにする機能であり，ステガナリシスを困難にする目的で用いられている。

Yan らは類似の方法で 1 フレーム当り 1 bit の情報を埋め込む方法を提案している[3]。この方法では，MDCT 係数のビット長 L ではなく，量子化の調整パラメータ（図 3.4 の `Qanf`）の LSB に情報を埋め込む。内側のループが繰り返されるときに Q_{anf} の値は毎回変わるため，Q_{anf} の LSB が埋め込みたい値と一致した時点で Q_{anf} の更新を止める。受信側では Q_{anf} の値の LSB を取り出すことで埋め込んだ情報を抽出することができる。

3.1.3 スケールファクタへの情報埋め込み

Koukopoulos と Stamatiou は，MP3 のスケールファクタに情報を埋めるデータハイディング法を考案した[4]。第 t フレームのスケールファクタを $I_t = (I_1^t, \cdots, I_K^t)$ とし，その帯域ごとの差分を

$$D_t = (d_1^t, \cdots, d_{K-1}^t) \tag{3.2}$$

$$d_k^t = I_{k+1}^t - I_k^t \tag{3.3}$$

とする。つぎに，スケールファクタ差分の三つのパターン D^0，D^1，D^s を用意する。これらはそれぞれ 0，1，同期シンボルを表す。どのようなパターンがこれらのシンボルになっているかの情報は秘密鍵であり，これを知らないと埋め込んだ情報を抽出することができない。

符号化されたオーディオ信号のスケールファクタ $I_1, \cdots, I_T$ が与えられたとき，その差分を $D_1, \cdots, D_T$ とする。ここで t フレーム目以降にシンボル $m \in \{0, 1, s\}$ を埋め込みたいとする。このとき，$t' \geqq t$ で $D_{t'}$ と D^m が十分

近くなる t' を探し，$I_{t'}$ をわずかに操作することで $D_{t'} = D^m$ となるようにする。スケールファクタを操作するので，再生された信号は元信号（この場合は透かしが埋め込まれていない MP3 符号化オーディオ信号を PCM に復号した信号）と比べてひずみが生じるが，元々ひずみが大きくならないフレームを選んでいるために全体のひずみは一定値以下に抑えられる。情報の抽出時には，スケールファクタが三つのパターン D^0，D^1，D^s に一致するフレームを抽出し，その系列から埋め込んだ情報を復元する。

3.1.4　MDCT 係数への情報埋め込み

　MP3Stego のように 1 フレーム当り 1 bit の情報を埋める場合には，MP3 のフレームレート以上の情報を埋め込むことはできない。サンプリング周波数が 44.1 kHz の場合，MP3 はおよそ 26 ms（1152 サンプル）が 1 フレームに相当し，各フレームの窓は半分ずつオーバーラップしているので，MP3Stego のビットレートはおよそ $44\,100 \div 576 \approx 77$ bit/s である。これは，MP3 に対してさまざまな副情報（例えばパケットロス隠ぺい処理のための情報など[5]）を埋め込むためには十分ではない。そこで，Ito と Makino は，量子化された MDCT 係数に対して選択的 LSB 置換法で情報を埋める方法を提案した[6]。MDCT 係数の LSB に情報を埋めることで，比較的高い埋め込みビットレート（2k〜10 kbit/s）を得ることができる。しかし，MDCT 係数の量子化は非線形なので，2 章で述べた G.711 への LSB 置換法と同様に，値の大きいサンプルに埋め込みを行うとひずみが大きくなる。一方，選択的 LSB 置換法のように値の小さいサンプルに優先的に埋め込みを行うと，図 3.3 での Zeros の領域に埋め込みを行うことになり，高次元の MDCT 係数のランレングス圧縮ができなくなるため，図 3.4 における内側のループで全体をより圧縮する必要があり，品質がかえって劣化する。そこで Ito らの方法では，情報埋め込みを行う MDCT 係数の次元に上限を設け，その上限までの間で選択的 LSB 置換法により情報を埋める。埋め込みビットレートと MP3 のビットレートの組み合わせによっては，単に MP3 のパケットに副情報を付加するよりもビットレートと品質の兼ね合いで有利に

なることがある。

3.1.5 ハフマン符号化コードブックへの情報埋め込み

　Zhu らは，MP3 の後継である MPEG-2 AAC（advanced audio coding）符号化オーディオへの情報埋め込み法を提案した[7]。AAC では，量子化された MDCT 係数をハフマン符号化する際に，符号化のコードブックを臨界帯域ごとに定めている。また，複数の連続する臨界帯域で同じコードブックを利用することがある。そこで，Zhu らの方法では，連続する臨界帯域で独立したハフマン符号化コードブックを使っているかどうかに情報を埋め込む。

　N bit の情報を埋め込む際には，埋め込み情報 $b_1, \cdots, b_N \in \{0, 1\}$ と，鍵情報 $k_1, \cdots, k_N \in \{0, 1\}$ を利用する。情報を埋め込む際には，まず鍵情報 k_i を調べ，$k_i = 0$ ならば臨界帯域二つ，$k_i = 1$ ならば臨界帯域三つを対象とする。埋め込み情報 $b_i = 0$ の場合は，対象となる二つまたは三つの臨界帯域すべてに対して独立なコードブックを用いてハフマン符号化し，$b_i = 1$ であるときには少なくとも二つの臨界帯域でコードブックを共有する。情報抽出の際には，鍵情報から臨界帯域を選び，選ばれた二つないし三つの臨界帯域で独立なコードブックを使っているかどうかによって情報を復元する。ハフマン符号化は可逆圧縮であるため，この方法による情報埋め込みは信号そのものには影響を与えない。

3.2　音声符号化技術における音響情報ハイディング技術

　本節では，音声信号の符号化を経たディジタルデータの中に，情報を秘匿する手法を取り上げる。最初に**音声符号化方式**（speech coding）について概観する。なかでも音声に特化した符号化方式であり情報秘匿の対象となることが多い**符号励振線形予測**（code excited linear prediction, CELP）方式の一種であり，現在の携帯電話音声に広く使われている AMR（adaptive multi-rate）音声符号化方式について，おもに情報秘匿に関わる処理を解説する。つぎに，情

報秘匿処理および検出過程を分類し，その能力と適用範囲，応用例について概観する。最後に具体的な情報秘匿処理を複数取り上げる。

3.2.1 音声符号化手法

現在一般的に使われている音声信号を対象とする符号化方式（コーデック）は，その処理手法から大きく三つに分類できる。

〔1〕 振 幅 圧 伸 法

ITU-T（国際電気通信連合 電気通信標準化部門）が制定した，波形の振幅次元において圧縮や量子化を行う符号化方式は，サンプルごとに瞬時に振幅を圧縮する方式（G.711），過去の信号に基づく適応予測と，差分信号の量子化ステップ幅が信号の振幅によって変化する適応量子化の両方を用いる ADPCM 方式（G.721, G.722, G.723, G.726）に分けられる。これらは符号化および復号の演算量が比較的少ないため，1972 年（G.711），1980 年代（G.721, G.722, G.723），1990 年（G.726）と，古くから規格化され，固定電話通信，国際電話通信，通話録音，コードレス電話などに使われてきた。また，IP 電話のコーデックとしても利用されている。

これらのコーデックは，入力信号が音声信号であるという前提なしの処理を行うので，規格で定められた低いサンプリング周波数（G.722 は 16 kHz，それ以外は 8 kHz）を，高いサンプリング周波数に置き換えれば，音楽信号を含む広範囲なオーディオ信号に適用することができる。さらに，2009 年には G.711 符号化データを時間フレーム分割して適切な圧縮ツールを選択することで，可逆圧縮により最大 50% 程度ビットレートを下げた G.711.0 も規格化されている。

このように，通常は音声信号に適用されることが多い符号化方式ではあるが，オーディオ符号化の一種と捉えることができる。また，古くから規格化されているために，これらの符号化方式を対象とした秘匿技術は多い。これらの符号化方式への情報秘匿は 2.1 節にて扱う。

〔2〕 符号励振線形予測法

音声信号は，声帯の振動を元にする有声音と，声帯の振動を必要としない無

声音を含む音源とが加算され，それらが放射されるまでの声道の共鳴特性を与えることで得られる。この生成機構をモデル化して，各モデルのパラメータ値を音声信号から得ることで，符号化を行うのが CELP 法である。音声信号に特化した手法といえるため，音楽信号を符号化した場合の音質は，同程度のビットレートのオーディオ符号化方式より一般に悪い。

符号化の特徴としては，得られたパラメータ値から音声波形を再合成し，聴感補正を行った後の信号と元の信号とを比較することで，コードブック（ピッチ周期やパルス位置などのパラメータ値の候補）から誤差が最小になるものを探索するという，**合成による分析**（analysis by synthesis, AbS）手法を用いている点である。符号化されるパラメータ値は，声道共鳴特性を表す**線形予測**（linear prediction, LP）係数を**線スペクトル対**（line spectral pair, LSP）に変換したもの，有声信号を作り出すピッチ周期（ピッチ遅延）とそのゲイン，入力信号から線形予測信号を差し引いた残差信号を表現する固定符号帳コードと固定符号ゲインである。

第二世代携帯電話で用いられた VSELP 方式，低遅延を実現した LD-CELP 方式（ITU-T G.728），ほかにも多くの派生方式が規格化（G.723.1, G.729）されている。現在最も広く使われているのが，第三世代および第四世代携帯電話における標準的な符号化方式である AMR 方式である。AMR の広帯域拡張（帯域上限 7 kHz）である AMR-WB（AMR wideband, ITU-T G.722.2）は，日本では 2014 年からはじまった広帯域音声通話サービスにおいて用いられている。これと対比させるため，従来の AMR 方式を AMR-NB（AMR narrowband）と表示する場合もあるが，本書では単に AMR と記す。

CELP 系符号化は，現在最も広範囲に使用されている音声符号化方式でもあり，情報秘匿を適用する研究例は最も多い。

〔3〕　統合符号化法

同じビットレートで音響信号を符号化する場合，音楽信号を符号化する場合は，スペクトル領域での符号化を行う AAC（advanced audio coding）が，音声信号を符号化する場合には，おもに時間波形領域での符号化を行う AMR

や AMR-WB が，音質として優れていた。AAC は，帯域複製による拡張技術
（spectral band replication, SBR）を加えた HE-AAC（high efficiency AAC）
や，パラメトリック技術を加えた HE-AACv2 と規格化が進み，AMR-WB には
線形予測残差信号の変換符号化モードやさらなる帯域拡張，またステレオ拡張技
術が加えられた AMR-WB+ が規格化されるなど，いずれもより高音質化の拡
張がなされてきた。しかし，依然として音源に依存した音質特性は残り，放送音
声のように音声と楽音の双方を含むあるいはそれらが混合された音響に対して
適する符号化技術が望まれていた。その中で，8 kbps モノラルから 64 kbps ス
テレオまでの幅広いビットレートの範囲で，音源の種類に依存せずに高音質に符
号化できる技術が，2012 年に MPEG で規格化された USAC（unified speech
and audio coding, 統合音声音響符号化）である。

　このタイプの新しいコーデックには，情報秘匿を適用する研究例はまだ少な
い。符号化アルゴリズムは，周波数領域主体のオーディオ符号化と時間領域主
体の音声符号化の両方の特徴を兼ね備えるため，それぞれの従来手法を適用で
きると考えられる。しかし，聴感的および情報量的な冗長性は従来コーデック
よりさらに削減されているので，情報秘匿に伴う音質劣化はより大きくなると
考えられる。

3.2.2　AMR 符号化

〔1〕 概　　　　　説

　AMR は 1999 年に 3GPP（3rd generation partnership project）により規
格化された，代数符号を用いた ACELP（algebraic CELP）方式の音声符号
化方式である。AMR は 4.75〜12.2 kbps の範囲に八つのビットレートモード
を持ち，12.2 kbps モードは第二世代携帯電話の通信規格である GSM（global
system for mobile communication）で採用された EFR（enhanced full rate）
符号化と互換性がある。6.7 kbps モードは，PDC（personal digital cellular,
日本では 2012 年に使用停止された第二世代携帯電話システム）で採用された
EFR 符号化と互換性がある。AMR 符号化の詳細な解説[8]と，浮動小数点あ

るいは整数演算による符号化および復号の C 言語プログラムのソースコード[9]
は，3GPP の Web サイトで公開されている。

　基本的な処理過程，つまりフレーム長は 20 ms であり，それを 4 分割した 5 ms
のサブフレームが最小処理単位であること，符号化および復号に直接関わるアル
ゴリズムやデータは，すべてのモードで共通している。一方，各フレームおよび
サブフレームごとに符号化パラメータに割り当てられるビット数は，低いビッ
トレートモードになるに従い少なくなるので，分析合成精度や量子化精度は低
下していく。八つのビットレートモードは，ネットワークの混雑具合によって
自動的に切り替えることができ，符号化器や復号器の内部状態もフレーム単位
でのビットレート切り替えに対応している。代表的な三つのビットレートモー
ドの各パラメータへのビット割り当て量を**表 3.1** に示した。

表 3.1　AMR 符号化における 1 フレーム当りの各パラ
メータへのビット割り当て量

モード 〔kbps〕	パラメータ	サブフレーム			
		1st	2nd	3rd	4th
12.2	2 LSP セット	38			
	ピッチ遅延	9	6	9	6
	ピッチゲイン	4	4	4	4
	代数符号帳	35	35	35	35
	代数符号ゲイン	5	5	5	5
7.4	LSP セット	26			
	ピッチ遅延	8	5	8	5
	代数符号帳	17	17	17	17
	ゲイン	7	7	7	7
4.75	LSP セット	23			
	ピッチ遅延	8	4	4	4
	代数符号帳	9	9	9	9
	ゲイン	5		5	

　ここでは，これまでの研究で情報秘匿の対象となってきた部分を中心に説明
する。AMR の符号化処理の大まかな流れを，**図 3.5** に示した。また，復号処
理の大まかな流れを**図 3.6** に示した。

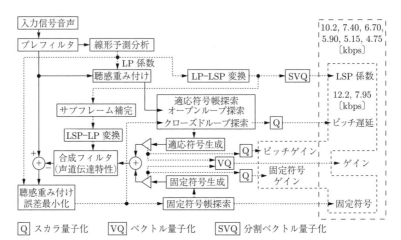

図 **3.5**　AMR 符号化の概略

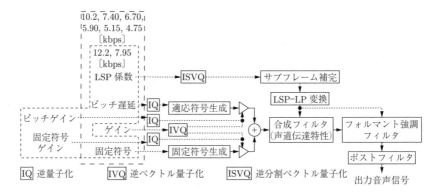

図 **3.6**　AMR 復号の概略

〔**2**〕　線 形 予 測 分 析

　音声信号のスペクトル特性は，30 ms の非対称窓を通した後の波形に対して，10 次の LP 係数を Levinson-Durbin 法によって求める。この処理は 12.2 kbps モードでは，1 フレームにつき 2 回，ほかのモードでは 1 回行われる。LP 係数は，量子化とサブフレーム間での補完に適する，10 個の LSP 係数に変換される。LSP は逆コサイン変換により LSF に変換され，**分割ベクトル量子化**（split vector quantization, SVQ）によって量子化される。

〔3〕　適応符号帳探索

適応符号帳探索（adaptive codebook search）は，ピッチ探索とも呼ばれ，1フレーム当り 2 回（12.2 kbps モード以外は 1 回）行われるオープンループ探索と，サブフレームごとに行われるクローズドループ探索に分けられる。

オープンループ探索では，聴感重み付けを行った入力音声信号に対して，自己相関を求め，その最大値を求めることで，大まかなピッチ遅延（ピッチ周期）を得る。クローズドループ探索では，オープンループ探索で得られたピッチ遅延の近傍について探索を行う。ピッチ遅延の値は，12.2 kbps モードのとき周期 95 サンプル未満は 1/6 サンプル，そのほかのモードでは周期 85 サンプル未満は 1/3 サンプルの精度で求める。

5.9 kbps 以上のモードの第 2，第 4 サブフレームのピッチ遅延は，それぞれ第 1，第 3 サブフレームのピッチ遅延からの差分として表現され，情報量の削減を行っている。4.75，5.15 kbps モードでは，第 1 サブフレームからの差分としてそれ以外のサブフレームのピッチ遅延は表現される。

ピッチ遅延の値は，最も短い周期あるいは最も小さい差分値から順番に符号なし整数値に割り当てていく量子化を行う。ピッチゲインの値は，12.2 kbps モードと 7.95 kbps モードではスカラ量子化を行うが，それ以外のモードでは，固定符号ゲインと合わせてベクトル量子化を行う。

〔4〕　固定符号とその探索

固定符号は，サブフレームの 40 サンプルに対し，2～10 個の非ゼロ振幅のパルスの加算により表現される。サブフレーム内に，特定の 1 あるいは 2 個のパルスが存在できる位置は，重複しない 8～32 箇所のいずれかに制約され，これをトラックと呼び，トラック内のパルス位置とその正負の符号をビット値で表現する。このようなパルス位置の決定方法をとる符号を代数符号と呼ぶため，これらのパルス位置の候補群は，**固定符号帳**（fixed codebook）や**代数符号帳**（algebraic codebook）とも呼ばれる。

ビットレートが高くなるほど，トラック数とパルス個数は多く，12.2 kbps モードと 7.95 および 7.40 kbps モードでの代数符号帳を，**表 3.2** に示した。例えば，

表 **3.2**   AMR 符号化における代数符号帳のトラックとパルス位置

	トラック	パルス	パルス位置
12.2 kbps モード	1	i_0, i_5	0, 5, 10, 15, 20, 25, 30, 35
	2	i_1, i_6	1, 6, 11, 16, 21, 26, 31, 36
	3	i_2, i_7	2, 7, 12, 17, 22, 27, 32, 37
	4	i_3, i_8	3, 8, 13, 18, 23, 28, 33, 38
	5	i_4, i_9	4, 9, 14, 19, 24, 29, 34, 39
7.95 ・ 7.40 kbps モード	1	i_0	0, 5, 10, 15, 20, 25, 30, 35
	2	i_1	1, 6, 11, 16, 21, 26, 31, 36
	3	i_2	2, 7, 12, 17, 22, 27, 32, 37
	4	i_3	3, 8, 13, 18, 23, 28, 33, 38, 4, 9, 14, 19, 24, 29, 34, 39

12.2 kbps モードの場合，2 個のパルスを 8 箇所のいずれかに配置するトラックを五つ備えている。トラックごとに先頭のパルスの符号を 1 bit で表現するため，1 サブフレームにつき (パルス 2 個×位置 3 bit＋符号 1 bit)×5 トラック ＝ 35 bit の固定符号で表現される。7.95 kbps モードは，(パルス位置 3 bit＋符号 1 bit)× 3 トラック ＋ パルス位置 4 bit ＋ 符号 1 bit ＝ 17 bit で表現される。

固定符号の探索は，聴感重み付けをされた領域において，入力信号から適応符号と固定符号を合成フィルタに通した合成信号を差し引いた二乗誤差が最小となるように行われる。まず，五つのトラックからそれぞれ局所最適パルス位置が見つけられ，そのうち全体最適位置に一つ目のパルスが置かれる。つぎに残りの四つのトラックの中の一つの局所最適位置に二つ目のパルスが置かれ，それに対する残り八つのパルスを四つのパルスペアとしてそのそれぞれのパルス位置を探索すること（$4 \times 8 \times 8 = 256$ 回）を繰り返す。もし全探索を行えば $8^{10} = 1\,073\,700\,000$ 回の探索が必要であるが，この探索法により，8×5（全体最適位置探索）＋ 4（局所最適位置）$\times 256 = 1\,064$ 回の探索に制限され，実時間での符号化演算処理の実現に貢献している。

〔**5**〕 復 号 処 理

復号処理は，符号化処理の逆となる。LSP 係数を復号し，LP 係数を得る。また，代数符号帳値とそのゲイン値，適応型符号帳のピッチディレイとピッチゲインの値を得る。代数符号の復号結果と適応符号の復号結果にそれぞれゲイン

を与えて励起信号を生成し，線形予測フィルタを通して音声信号を合成する。

3.2.3 秘匿処理の分類とその用途

音声信号の符号化を経たディジタルデータの中に情報を秘匿する手法は，その秘匿処理を元につぎのような技術に分類される。いずれも情報秘匿済み音声符号化データを復号するのは，従来の復号プログラムでよい。

（1） **データステガノグラフィ方式**　音声符号化後のディジタルデータを改変することで，情報を秘匿する。音声符号化と復号のプログラムに修正は不要である。復号された音声信号から秘匿情報の検出はできない。

（2） **符号化ステガノグラフィ方式**　通常の音声符号化処理に，情報秘匿処理を追加した新しい符号化プログラムを必要とする。符号化データからは秘匿情報を検出できるが，復号された音声信号からは検出できない。

（3） **符号化耐性電子透かし方式**　情報秘匿済み信号が，音声符号化と復号処理を経た後でも，秘匿情報を検出できる耐性を持つ。符号化ビットレートや音声信号によって検出エラー率が左右される。

以上三つの情報秘匿および検出，符号化と復号との関係を**図 3.7** に示した。復号後の音声品質は，秘匿データ量が同じで，コーデックとビットレートも同じである場合，一般に符号化ステガノグラフィ方式（図（b））の劣化が最も少なく，ついでデータステガノグラフィ方式（図（a）），符号化耐性電子透かし方式（図（c））の順となる。

データステガノグラフィ方式は，改変するデータ部が復号後の音声品質に与える影響を考慮したうえで，一般的なステガノグラフィ技術が適用できる。符号化ステガノグラフィ方式は，最も研究例が多く，なかでも音声帯域拡張用データを秘匿して従来の音声符号化と互換性を保った高音質通話サービスを行う応用が提案されている。符号化耐性電子透かし方式の研究例は少ないが，録音された音声信号の真正性保証，改ざん検出のためのデータを秘匿する利用，音声信号に秘匿した付加価値情報を受話先で検出して利用する用途が考えられている。

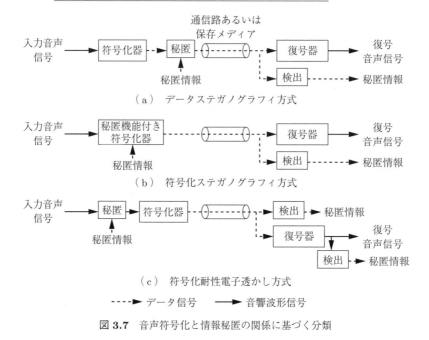

図 **3.7**　音声符号化と情報秘匿の関係に基づく分類

　いずれの情報秘匿方式も，文字や画像，映像などほかのメディアで想定されている秘匿情報通信が用途として想定される。さらに，単に文字情報を秘匿する利用や，音声の内容に関連した情報（タイムスタンプ，要約，メタデータなど）を秘匿することにより，記録検索や情報サービスに生かしたり，音声以外のメディアデータを埋め込むことにより音声通信サービスに付加価値を持たせることも提案されている。

3.2.4　音声符号化への秘匿処理

〔1〕　データステガノグラフィ方式

　最も単純な手法は，CELP 符号化においてスカラ量子化されたパラメータ値の LSB を秘匿情報ビットと置換する方式である。例えば AMR では，ピッチ遅延，ピッチゲインや代数符号ゲインの値である。この手法は，符号化処理中の量子化時に秘匿する場合（符号化ステガノグラフィ方式）に比べて音質の劣

化が大きい。なぜなら，例えば符号化処理におけるピッチ遅延量子化時に秘匿する場合は，その際の量子化誤差を補うような，分析合成に基づく固定符号帳選択が，その後の処理で行われるからである。一方で，符号化および復号プログラムの修正なしに，例えば通信路中で秘匿プログラムを実行するだけで秘匿可能なメリットはある。

　Liu ら[10]は，CELP 系符号化である ITU-T G.729 の符号化後のフレームデータ（80 bit/10 ms）において，どのパラメータのビット値に変化があったときに音質劣化が少ないのかを，総当りで調べた。その結果，2 次量子化後の高域側 LSP 係数（5 bit）のうちの下位 3 bit の値を変更した場合に，最も復号後の音声信号と入力音声信号とのセグメンタル SNR が大きく，音質への影響が少ないことを発見した。そして，この 3 bit のうち 1 bit はペイロードビットと置換し，残り 2 bit について，複数のサブフレーム間に渡って，ペイロード秘匿に伴うビット値の変更を最小限にするステゴコード[11]と置換した。このステゴコードは，$2^n - 1$〔bit〕のカバーコードに対して最大でもいずれか 1 bit の値を変更することで，n〔bit〕のペイロードを秘匿する方法である。その結果，21 フレームに対し，44 bit（約 209 bps）の秘匿を可能とした。その品質は，男女合わせて 1 078 文の発話音声に秘匿した結果，通常の G.729 符号化音声との平均セグメンタル SNR が 19 dB であった。また，G.729 符号化音声と，上述の情報秘匿後に復号した音声とをペア呈示し，どちらが情報秘匿音声かを答えさせた主観評価実験では，正答率が 51 %と偶然正答率と差がなかった。しかしその実験では，それら二つの音声の主観的品質に違いがあるかどうかは調べられていないため，音質劣化が検知できるかどうかは定かではない。

　大田らは，CELP 系符号化において，逆量子化（復号）したピッチゲインの値に閾値を設け，閾値以下のサブフレームではピッチ遅延データの下位ビットを，ペイロード情報ビットと置き換える方法を提案している[12]。ピッチゲイン値が小さいサブフレームは，音声波形に周期成分が少ない（無声音部，あるいは背景雑音が優勢な部分）あるいは振幅自体が小さいといえ，このときにピッチ遅延の値が変わっても，音質劣化への影響は少ない。ただし，この手法は音

声信号や背景雑音の状態によって秘匿量が変化する特徴がある。この手法を以降 GTPLSB（gain threshold pitch LSB）法と呼ぶ。

〔**2**〕 符号化ステガノグラフィ方式

岩切と松井[13]は，G.729 のサブフレームごとの代数符号帳における特定のトラックにおいて，隣接したパルス位置どうしに 0 と 1 を割り当てて，どちらを利用するかによって情報を埋め込む手法を提案している。G.729 は AMR の 7.95 および 7.40 kbps モードと同じ代数符号帳を持つ。つまり，表 3.2 下側の最下欄のトラック 4 がそれであり，秘密鍵のビット値を元に上段 3, 8, 13, 18, 23, 28, 33, 38 を 0 と割り当てた場合は，下段 4, 9, 14, 19, 24, 29, 34, 39 を 1 に割り当て，秘密鍵に基づいてサブフレーム単位でその逆の割り当ても行う。サブフレーム時間長は 5 ms なので，情報秘匿量は 200 bps となる。

Geiser and Vary[14] は AMR の 12.2 kbps モード（GSM EFR）において，探索する代数符号帳候補を 2^N 個に分割し，どの範囲を探索するかによってサブフレーム当り N bit の情報を秘匿する手法を提案している。この方法は，$200N$〔bps〕の秘匿容量を持ち，固定符号帳の最適探索アルゴリズムの改善も行ったうえで，400 bps での埋め込みを行っても，ほぼ埋め込み前と同じ客観的音声品質（ITU-T P.862.1 PESQ による MOS-LQO（mean opinion score - listening quality objective）値）が得られたと報告している。同様に，G.729 の固定符号帳（パルス位置 13 bit，符号 4 bit）を 8 分割して 600 bit の情報を秘匿し，それぞれの分割範囲内で最適パルス位置を全探索する条件もテストしている。この場合は，情報秘匿に伴う客観的音声品質 MOS-LQO の低下を 0.15 程度に抑えている[15]。

岩切は，CELP 系のコーデックである G.723.1 において，ピッチ遅延データの LSB にデータを秘匿する方法を提案している[16]。これは，クローズドループでのピッチ遅延探索範囲を，埋め込むデータビット値に応じて偶数範囲か奇数範囲かに限定する方法であり，ピッチ量子化（pitch quantization, PQ）法と呼ぶこととする。符号化アルゴリズムの中に秘匿アルゴリズムを取り入れることによって，標準の符号化アルゴリズムに対する探索演算処理は約半減される。

また，ピッチ遅延算出後のパラメータ値（ピッチゲイン，代数符号帳，代数符号ゲイン）の探索時に，ピッチ遅延への情報秘匿に伴って生じた誤差を低減する方向に最適化が行われるので，音質劣化は少ないとしている。G.723.1 のサブフレーム長は 7.5 ms であり，サブフレームごとに 1 bit 秘匿すると，133 bps の秘匿量を持つ。AMR 方式に同様に適用する場合，どのビットレートモードでも 200 bps の秘匿量を実現する。

西村は，AMR 音声符号化におけるピッチ遅延のみを用いて，情報秘匿を行う新しい方法を複数提案し，先行研究[12), 16)] のピッチ遅延への秘匿方法と性能を比較した[17)]。ピッチ遅延は基本周波数の逆数にサンプリング周波数を掛けた値であり，ピッチ遅延が長い（基本周波数が低い）ときの方が，ピッチ遅延の値の変化による基本周波数の比率変化がより少ない。人間の周波数の比弁別限は，低い周波数ほど大きくなることが示されている。つまり，情報秘匿に伴って生じるピッチ遅延誤差の聴感への影響は，長いピッチ遅延値の方が，短いピッチ遅延値よりも少ない。よって，ピッチ遅延の値が大きいほど，秘匿するビット数を増やす新しい手法が提案されている[17)]。

具体的には，12.2 kbps モードの場合，奇数サブフレームのピッチ遅延値が 256 以上（133.0 Hz 以下）のときに，そのサブフレームにおいて w bit，それ未満では $(w-1)$ bit の PQ 法による秘匿を行う。それ以外のモードの場合，ピッチ遅延値 128（129.0 Hz）を同様な秘匿ビット量の境界とする。その秘匿の様子を，**図 3.8** に示した。境界であるピッチ遅延値 128 以上と未満では，$w=2$

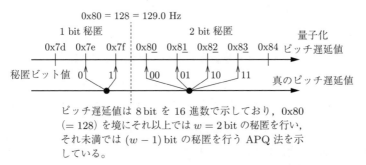

図 **3.8** 奇数サブフレームのピッチ遅延値の量子化時に情報を秘匿する模式図

とした量子化時の秘匿ビット量が異なる様子を示している。さらに，偶数サブフレームでは，ピッチ遅延値によらず，12.2 kbps モードの場合 1/6 サンプルの精度で，そのほかのモードの場合 1/3 サンプルの精度で量子化を行うため，秘匿ビット量を増やしても音質劣化が少ない。よって，12.2 kbps モードの場合，奇数サブフレームのピッチ遅延値が 384 以上（97.0 Hz 以下）のときに，そのつぎの偶数サブフレームでは $(w + 1)$ bit の秘匿を行い，そうでないときには w bit の秘匿を行う。それ以外のモードのときには，この境界を 192（96.0 Hz 以下）とする。この手法を，APQ（adaptive pitch quantization）法と呼ぶこととする。

　有声音のピッチ周期は時間的にゆるやかかつ連続的に変化する。つまり，急激にピッチ遅延値が変化する部分は有声音ではなく，ピッチ遅延値が音声復号時に寄与する割合は低いといえ，ここに情報を秘匿しても品質劣化は少ない。よって，連続した奇数サブフレームのピッチ遅延値の変化を調べ，周波数上で ±10%以上の変化がある場合は連続でないと見なし，その間の偶数サブフレームのピッチ遅延値をすべてペイロードビット値と置き換える。例えば，12.2 kbps モードでは，表 3.1 からわかるように，6 bit の秘匿が行われる。しかし，ピッチ検出誤りにより，オクターブ下あるいはオクターブ上のピッチが連続して見られる場合もある。よって，変化がオクターブ上下の周波数の ±10%未満であれば，ピッチが連続であると見なし秘匿処理は行わない。この手法を今後 PCP（pitch change point）法と呼ぶ。

　APQ 法と PCP 法を併用する場合は，まず奇数サブフレームのピッチ遅延値から，APQ 法による奇数サブフレームへの秘匿ビット量を決定して秘匿する。その後，秘匿後の量子化ピッチ遅延値を元に，PCP 法により対象となる偶数サブフレームへ情報を秘匿する。最後に PCP 法により秘匿しなかった偶数サブフレームへ，APQ 法に従い情報を秘匿する。この併用を MIX 法と呼ぶこととする。

　図 3.9 には，音声波形と，12.2 kbps での AMR 符号化時に抽出されるピッチ遅延値を周波数に変換して示した。1 で示した部分は，連続する奇数サブフレームのピッチ遅延が 10%以上変化しており，この範囲の偶数サブフレームのピッ

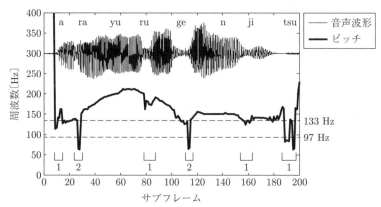

音声波形と，12.2 kbps での AMR 符号化時に抽出されるピッチ遅延値を周波数
に変換して示した。1 の部分の奇数サブフレームは，ピッチ遅延が 10%以上変化
しており，2 の部分の奇数サブフレームは，ピッチ遅延が 2 倍または 0.5 倍より
±10%未満の変化となっている。

図 3.9　音声波形と AMR 符号化時のピッチ遅延値

チ遅延値には，PCP 法により情報が秘匿できる。2 で示した部分は，連続する
奇数サブフレームのピッチ遅延の変化が，オクターブ上下の周波数の ±10%未
満であるため，ピッチが連続であると見なし，偶数サブフレームに PCP 法によ
る秘匿処理は行わない。また，ピッチ周波数 133 Hz 以下（ピッチ遅延 256 以
上）の奇数サブフレームのピッチ遅延値には，w bit の秘匿を行い，それより上
の周波数では，$(w-1)$ bit の秘匿を行う。さらに，ピッチ周波数が 97 Hz 以下
（ピッチ遅延 384 以上）である奇数サブフレームのつぎの偶数サブフレームの
ピッチ遅延値には，$(w+1)$ bit の秘匿を行い，それより上の周波数では，w bit
の秘匿を行う。

　なお，5.15 kbps と 4.75 kbps のモードでは，2～4 番目のサブフレームのピッ
チ遅延値は，1 番目のサブフレームのピッチ遅延の整数値からの偏差として表
現される。よって，第 1 サブフレームのピッチ遅延値を元に，APQ 法により
サブフレームへの秘匿量を決定できる[18]。

　秘匿情報量と客観音声品質について，岩切のピッチ遅延への秘匿方法
(PQ)[16]，大田らのピッチ遅延への秘匿方法 (GTPLSB)[12]，西村のピッチ遅

延の変化点への秘匿方法（PCP）および量子化後ピッチ遅延値を元に秘匿ビット数（w）を変える手法（APQ），それらを同時に行った場合（MIX）を比較する[17]。これらの方法の秘匿パラメータと，そのときの秘匿ビットレートを**表 3.3**に示した。なお，GTPLSB 法は，ピッチゲインの値がスカラ量子化されている12.2 kbps モードのみ実施した。秘匿対象音声には，日本音響学会研究用連続音声データベース Vol.1 より，22 名の話者（男 10 名，女 12 名）による 1 100 の音素バランス文を二つずつつなげて作成した 550 文の 6～12 秒程度の音声信号を用いた。サンプリング周波数は 8 kHz にあらかじめ変換し，量子化ビット数は16 bit とした。AMR 符号化時の入力音声の平均レベルは，-26 dBov（0 dBov はディジタル音声振幅クリッピング限界のレベル）で行った。なお，AMR 符号化には音声検出（VAD）オプションと断続伝送（DTX）オプションを採用したので，非音声フレームが連続するときに，1 フレーム当り背景雑音パラメータ 35 bit に変換される。よって，音声ファイル内の無音や休止時間長に応じて，秘匿ビットレートは変動している。

表 3.3　ピッチ遅延値への秘匿パラメータ

方　法	パラメータ			秘匿ビットレート
	秘匿 LSB 幅	対象サブフレーム番号	閾　値	〔bps〕
GTPLSB	3	1, 2, 3, 4	4	90～220
	4	1, 2, 3, 4	5	150～340
PQ	1	1, 2, 3, 4	—	150～190
	1	1, 3	—	220～290
	2	2, 4	—	
	2	1, 2, 3, 4	—	290～380
APQ	0, 1	1, 3	—	90～250
	1, 2	2, 4	—	
	1, 2	1, 2, 3, 4	—	170～340
	1, 2	1, 3	—	250～450
	2, 3	2, 4	—	
PCP	4～6	2, 4	—	50～220
MIX (APQ)	0, 1	1, 2, 3, 4	—	80～330
	0, 1	1, 3	—	150～390
	1, 2	2, 4	—	
	1, 2	1, 2, 3, 4	—	230～490
	1, 2	1, 3	—	250～450
	2, 3	2, 4	—	

結果は，縦軸を秘匿なし音声を対象とした MOS-LQO からの，秘匿済み音声の低下とし，横軸を平均秘匿ビットレートとして示している。図 **3.10** は，12.2 kbps モードの結果を，図 **3.11** は，7.4 kbps モードの結果を，図 **3.12** は，4.75 kbps モードの結果を示している。これらの結果から，秘匿ビットレートが

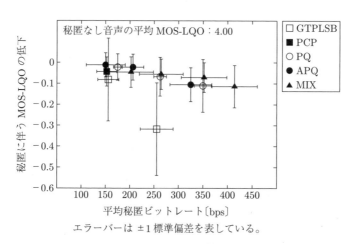

エラーバーは ±1 標準偏差を表している。

図 3.10 AMR 12.2 kbps モードにおける，各手法の秘匿情報量と，秘匿に伴う客観音質度合（MOS-LQO）低下の平均値[17]

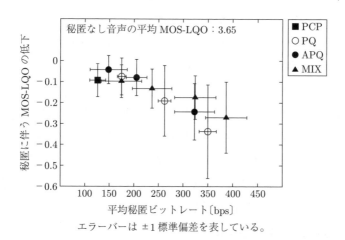

エラーバーは ±1 標準偏差を表している。

図 3.11 AMR 7.4 kbps モードにおける，各手法の秘匿情報量と，秘匿に伴う客観音質度合（MOS-LQO）低下の平均値[17]

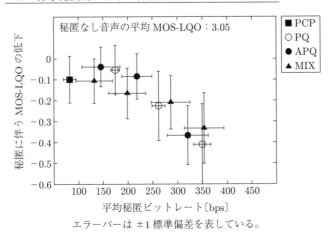

図 **3.12**　AMR 4.75 kbps モードにおける，各手法の秘匿情報量と，秘匿に伴う
客観音質度合（MOS-LQO）低下の平均値[17]

ほぼ同じであっても，AMR ビットレートが低いほど，音質劣化が大きいことが
わかる。また，LSB を置換する手法（GTPLSB）より，量子化によって LSB
に秘匿する方（PQ，APQ，PCP）が，音質劣化が少ないことがわかる。さら
に，秘匿ビットレートが 200 bps 程度以下では，APQ は PQ と同程度の音質
劣化でより秘匿ビットレートが高く，秘匿ビットレートが 200 bps 程度以上で
は，PQ より MIX の音質と秘匿ビットレートが高いことがわかる。

　以上の秘匿手法は，秘匿情報を符号化データの LSB で表現したり，特定の符
号化データ領域を使用して秘匿情報を表現する。しかし，情報を秘匿した領域
や符号化データに着目すると，そのビット値出現頻度に秘匿情報に依存した偏
りが生じる可能性があり，秘匿の痕跡を残してしまうことになる。秘匿通信に
利用するため秘匿の痕跡をなくすには，秘密鍵に基づいて秘匿位置を変えるこ
と，秘密鍵を一定時間ごとに切り替えること，秘密鍵に基づいた乱数系列によ
り秘匿ビット値を均等に分散させること，などの工夫[13]も提案されている。

〔**3**〕　符号化耐性電子透かし方式

　波形圧伸方式の音声符号化であれば，通常の音楽信号用の電子透かしでも耐
性を持つことが多い。しかし，4 kHz 以下に帯域を制限され，かつ CELP 系音

声符号化を経た後で，秘匿情報を検出できるような耐性を持つ技術は少ない。ここでは，CELP 系音声符号化への耐性が評価されている手法を取り上げる。

西村は，当初は音楽信号を対象として開発した，帯域間振幅変調位相に情報を秘匿する手法[19] の秘匿パラメータを調整して，4 kHz 以下の音声信号に 8 bps の情報を秘匿した[20]。このときの振幅変調周波数は 1.17〜2.67 Hz とし，CELP 系符号化が分析する 20 ms のフレームごとのスペクトル情報に振幅変調情報が残存することを意図した。変調度が 0.4 のとき，ITU-T P.862（PESQ）による MOS 値は，2.87 程度であり，3（Fair，まあよい品質に相当）よりやや悪い程度であった。AMR の 12.2 kbps モードによる符号化と復号を経た後のビット正検出率は 98%（ビットエラー率で 2%），6.7 kbps モードの場合は 85% であった。

Wang と Unoki は，音声信号を短時間分析したときのフォルマントの鋭さに情報を秘匿する手法を提案している[21]。音声を線形予測分析して得られる LP 係数を LSF のペアに変換して，それらをフォルマント周波数を中心に対称に狭めて再合成することで，フォルマントのピークを鋭く変化させることができる。LSF は，CELP 系音声符号化によって変換伝送されるため，符号化と復号処理に対して変形しにくいと考えられる。

具体的な秘匿手法は，まず音声信号を短時間フレームごとに線形予測分析して線形予測誤差波形を算出する。そして，線形予測係数を線スペクトル周波数（LSF）に変換する。図 **3.13** にその線形予測スペクトルエンベロープと，フォルマントに対応する LSF を示した。0 を秘匿するときは（図（a）），探索周波数範囲内で，最も鋭いフォルマント周波数を中心に，LSF ペア（ϕ_{1l}, ϕ_{1h}）を狭める（ϕ'_{1l}, ϕ'_{1h}）ことでフォルマント幅（BW1）をより狭く（BW1_0）する。1 を秘匿するときは（図（b）），探索周波数範囲内で，2 番目に鋭いフォルマント周波数を中心に，LSF ペア（ϕ_{2l}, ϕ_{2h}）を狭める（ϕ'_{2l}, ϕ'_{2h}）ことで，フォルマント幅（BW2）を，最も鋭いフォルマントと同じ幅とする（BW2_1 = BW1）。フレームごとに，線形予測誤差波形に対して，変更後の LSF から得た LP 係数によるフィルタを与えることで，情報秘匿済み音声信号を得る。秘匿情報の検

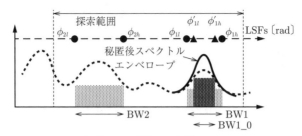

（a） ビット値0の秘匿

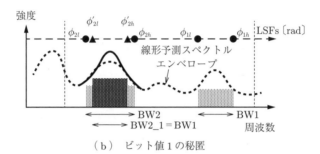

（b） ビット値1の秘匿

図 3.13 LSF を狭めることでフォルマントを鋭くし，情報を
秘匿する手法の概略図

出時は，同様にフレーム分割し，線形予測分析を行って得られる LSF からフォ
ルマント幅を計算し，最も鋭いものと2番目に鋭いものとの差が小さければ0，
大きければ1を検出する。

　この手法は，8 bps の情報を秘匿した場合，客観音声品質は，PESQ による
MOS 値において4（Good，よい品質に相当）程度の品質を保っている。また，
G.729（8 kbps）の符号化と復号を経た後に，85％のビット正検出率（15％の
ビットエラー率）を示している。さらに，情報秘匿済み音声を CELP 符号化[22]
することで得られる LSP 係数から算出される LSF を用いて，秘匿データが検
出できることも示されている[23]。

引用・参考文献

1） International Standization Organization (ISO)：Information technology —

coding of moving pictures and associated audio for digital storage media at up to about 1,5 Mbit/s — part 3: audio. ISO/IEC 11172-3 (1993)

2) F. A. P. Petitcolas：MP3Stego
http://www.petitcolas.net/steganography/mp3stego/（2017 年 10 月現在）

3) D. Yan, R. Wang, and L. Zhang：Quantization step parity-based steganography for MP3 audio, Fundamentia Informaticae, **97**(1-2), pp. 1–14 (2009)

4) D. K. Koukopoulos and Y. C. Stamatiou：A compressed-domain watermarking algorithm for MPEG audio layer 3, Proc. Workshop on Multimedia and Security: New Challanges (MM&Sec01), pp. 7–10 (2001)

5) A. Ito, K. Konno, M. Ito, and S. Makino：Robust Transmission of Audio Signals over the Internet: An Advanced Packet Loss Concealment for MP3-Based Audio Signals, Interdisciplinary Information Sciences, **18**(2), 10.4036/iis.2012.99, pp. 99–105 (2012)

6) A. Ito and S. Makino：Data Hiding is a Better Way for Transmitting Side Information for MP3 Bitstream, Proc. Int. Conf. Intell. Inf. Hiding Multimedia Signal Process., 10.1109/IIH-MSP.2009.55, pp. 495–498 (2009)

7) J. Zhu, R.-D. Wang, J. Li, and D.-Q. Yan：A Huffman Coding Section-based Steganography for AAC Audio, Inf. Tech. J., **10**(10), 10.3923/itj.2011.1983.1988, pp. 1983–1988 (2011)

8) 3rd Generation Partnership Project：Mandatory speech codec speech processing functions AMR speech codec; transcoding functions, **26.090** (1999)

9) 3rd Generation Partnership Project：ANSI-C code for the adaptive multi rate speech codec, **26.073** (2001)

10) L. Liu, M. Li, Q. Li, and Y. Liang：Perceptually transparent information hiding in G.729 bitstream, Proc. IIHMSP2008, pp. 406–409 (2008)

11) J. Bierbrauer and J. Fridrich：Constructing good covering codes for applications in steganography, Trans. Data Hiding Multimedia Security III, LNCS 4920, pp. 1–20 (2007)

12) 大田恭士，鈴木政直，土永義照，田中正清，佐々木繁：音声符号に対するデータ埋め込み／抽出方法および装置並びにシステム，特許公開 2003-295879 (2003)

13) 岩切宗利，松井甲子雄：共役構造代数符号励振線形予測による音声符号へのテキスト情報の埋込み，情報学論，**39**，9，pp. 2623–2630 (1998)

14) B. Geiser and P. Vary：Backwards compatible wideband telephony in mobile networks: CELP watermarking and bandwidth extension, Proc. IEEE Int.

Conf. Acoust. Speech Signal Process., **IV**, pp. 533–536 (2007)

15) P. Vary and B. Geiser：Steganographic wideband telephony using narrow-band speech codecs, 2007 Conf. Record of the Forty-First Asilomar Conf. Signals Syst. Comput., pp. 1475–1479 (2007)

16) 岩切宗利：ITU-T 勧告 G.723.1 による音声符号化方式を用いたステガノグラフィ, 暗号と情報セキュリティシンポジウム, pp. 289–294 (2002)

17) A. Nishimura：Data hiding in pitch delay data of the adaptive multi-rate narrow-band speech codec, Proc. IIHMSP2009, pp. 483–486 (2009)

18) A. Nishimura：Steganographic band width extension for the AMR codec of low-bit-rate modes, Proc. Interspeech 2009, pp. 2611–2614, International Speech Communication Association (2009)

19) A. Nishimura：Audio watermarking based on subband amplitude modulation, Acoust. Sci. Tech., **31**, 5, pp. 328–336 (2010)

20) A. Nishimura：Audio data hiding that is robust with respect to aerial transmission and speech codecs, Int. J. Innov. Comput. Inf. Control, **6**, 3(B), pp. 1389–1400 (2010)

21) S. Wang and M. Unoki：Speech watermarking method based on formant tuning, IEICE Trans. Inf. Syst., **E98-D**, 1, pp. 29–37 (2015)

22) M. R. Schroeder and B. S. Atal：Code-excited linear prediction (CELP): High quality speech at very low bit rates, Proc. ICASSP'85, pp. 937–940 (1985)

23) E. C. G. Alvarez, S. Wang, and M. Unoki：Analysis of watermarking into CELP speech codec based on formant tuning, 信学技報, **EMM2015-37**, pp. 39–44 (2015)

聴覚特性に基づいた音響情報ハイディング技術

音響情報ハイディングは，聴取者に透かしを知覚されないように音響データに埋め込むことをねらいとしている。そのため，ヒトがどのようなメカニズムで音を知覚しているかを知ることにより，知覚されない，あるいは知覚され難いところに透かしを埋め込む方法を考えることが重要となる。本章では，聴覚特性を概説するとともに，それに基づいた音響情報ハイディング技術を紹介する。

4.1 聴 覚 特 性

4.1.1 可　　聴　　域

音は空気を媒質とした粗密波として伝搬する。伝搬された音は外耳，中耳を経て内耳（蝸牛）で周波数分解され，後段の聴神経群によって電気信号に変換されて中枢系，高次系（脳）へと伝わることで，ヒトはそれを音として知覚する。聴知覚メカニズムに関する詳細な説明は専門書に譲ることにして，本書で真っ先に取り上げる聴覚特性は，**可聴域**（audible range）である[1]。

ヒトは，$20 \sim 20\,000\,\mathrm{Hz}$ の周波数範囲の音を聴取できる。また，最小可聴値（$1\,\mathrm{kHz}$ のとき音圧レベルで $0\,\mathrm{dB}$，音圧で $20\,\mu\mathrm{Pa}$）からおおよそ $120\,\mathrm{dB}$ の音圧レベルの音（音圧で $20\,\mathrm{Pa}$）を聴取できる。これらの範囲で囲われた領域は可聴域と呼ばれ，**図 4.1** のような特性を持つ。おおよそ，周波数で 10^3 倍，音圧で 10^6 倍のダイナミックレンジを持つことになる。

この結果から，「可聴域ではないところに透かしを埋め込むこと」が知覚不可能な音響情報ハイディングを実現する一つの考えになることがわかる。

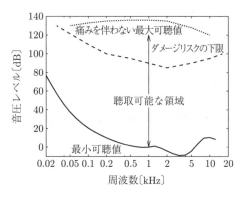

図 4.1 ヒトの可聴域

4.1.2 音の知覚の 3 属性

音の知覚には，三つの属性（音の大きさ，高さ，音色）があることが知られている。音の物理量として，音の強さが**音の大きさ**（ラウドネス，loudness）の知覚に関係し，音の基本周波数あるいは周期性，調波性が**音の高さ**（ピッチ，pitch）の知覚に関係する。音の大きさと音の高さが同じ二つの音の知覚を考えたときに両者が異なるものと判断できる場合，その知覚は**音色**（timbre）と定義される。このことから，音色は音の強さや周期性，調波性の違いで説明できない知覚を総称していることになる。そのため，音の大きさや高さの知覚のように，音色に直結する一つの物理量を取り上げることは現段階ではできないが，音のスペクトル傾斜や音の振幅包絡線情報，位相情報などが音色の知覚に重要であることが知られている[1]。

音のラウドネスは，音の強さあるいは音圧のべき乗に比例し，音圧レベルの増加とともに増加する。これはラウドネス成長則と呼ばれ，代表的なものがStevens のべき乗則である[2]。周波数が 1 kHz，音圧レベルが 40 dB の音の大きさは 1 sone と定義されており，そこから音圧レベルが 10 dB 増加するごとに2 sone，4 sone と 2 倍，4 倍に増えていく。音の強さの差 ΔI を弁別できる最小の刺激差異は丁度可知差異（just noticeable difference，JND）と呼ばれ，純音か帯域音かで異なるが，おおよそ 1 dB 程度といわれている。

図 **4.2** に等ラウドネスレベル曲線（equal-loudness level contour，ELC）[2]
を示す。この特性は，異なる周波数の信号を等しいラウドネスレベルで知覚する
ときの音圧レベルを等高線のように表示したものである。つまり，この図は周
波数が変わると音の大きさの知覚が変わることを示している。周波数が 1 kHz，
音圧レベルが 40 dB の音のラウドネスレベルは 40 phon であり，音圧レベルが
10 dB 増加するごとに 50 phon，60 phon と増えていく。

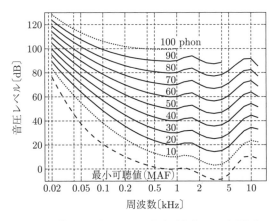

図 **4.2**　等ラウドネスレベル曲線（文献 2) より引用）

　音の高さは，基本周波数に対応する。そのため，基本周波数が増加するとと
もに音の高さの知覚も高くなる。音の高さの違いがわかる周波数差 Δf は基本
周波数が高いほどこの差が大きくなる。この差を弁別できる丁度可知差異を，
対象とする周波数との比で表すと，最も感度が高い 0.5～2.0 kHz においておお
よそ 5 cent（$(2^{5/1\,200} - 1) \times 100 \approx 0.3\%$）といわれている。音の高さを決め
る手がかりは二つあり，スペクトルパターンに基づくもの（調波性，基本周波
数の倍音関係）と時間波形の周期に基づくもの（周期性）があり，前者は場所
説（蝸牛のどこに振動が起こったか），後者は時間説（神経発火のタイミングが
揃っているか）と呼ばれる。さらには基本周波数が存在しなくとも音の高さを
知覚できるミッシングファンダメンタル（missing fundamental）という現象[1]
もある。

音色は，最も複雑な性質を表すものであり，多次元的な表現がなされている。それに伴う物理量も多種多様であり，識別的側面と印象的側面を持つ。この複雑さも相まって，音色に関して直接的に着目した音響情報ハイディングの試みは少ないように見受けられる。しかし，周波数スペクトルや位相スペクトル，時間包絡線情報に基づく音響情報ハイディングは間接的にこのカテゴリーにも含まれるため，決して少ないわけではない。音の高さには，**図 4.3** に示すように，音色的高さ（トーン・ハイト）と音楽的高さ（トーン・クロマ）という二面性があり，オクターブ関係の音は似ているという現象がある。これは**オクターブ類似性**（octave similarity）と呼ばれ，構成する音の周波数全体が上昇するとともに音の高さも上昇し，ちょうどその上昇が 2 倍になったときに元の高さに戻るというものである。つまり，無限らせん階段のように音階は循環するが，音色的には高さが上昇することを指す。

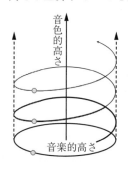

図 4.3　音楽的高さ（トーン・クロマ）と
音色的高さ（トーン・ハイト）

　これらの結果から，「音の大きさ，音の高さ，音色の違いがわからないように（音の強さや周波数を操作してそれらの差が丁度可知差異未満になるように）透かしを埋め込むこと」が知覚不可能な音響情報ハイディングを実現するための一つの大きな考えになることがわかる。

4.1.3　マスキング特性

　ここでは，音聴取におけるマスキングを取り上げる。音を聴取する際，目的の音（信号）のほかにそれを妨害する音（マスカ）がある。ここで，妨害音の影響によって目的音の聴覚検知閾が上昇する現象あるいはその閾値の上昇する

量をマスキング（masking）という。マスキングはつぎのように三つの切り口で分類される[3]。

　一つ目は，**図4.4**に示すように，時間的な配置による分類である。通常は信号とマスカは同じ時間に存在する**同時マスキング**（simultaneous masking，図（a））がおもになるが，これらの時間配置の順序で**順向性マスキング**（あるいは**継時マスキング**，forward masking，図（b））と**逆向性マスキング**（backward masking，図（c））もある。マスキング量はマスカが信号と同時に存在するときに一番高く，信号から離れるに従い低くなる。

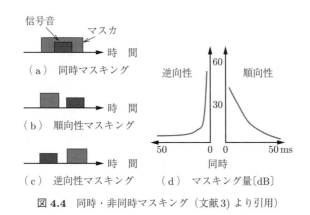

図4.4　同時・非同時マスキング（文献3）より引用）

　二つ目は周波数配置によるものである。マスカが信号と同じ周波数であるときにマスキング量が高く，信号の周波数から離れるに従って低下する。また，マスカの周波数が信号の周波数より低い方が高い方よりマスキング量が高い。これらの知見は同調曲線や聴覚フィルタ形状と呼ばれる音の聴取に関する調査からわかったものである。

　三つ目は興奮と抑圧の効果の分類である。一般にマスキングには**興奮性マスキング**（excitatory masking）と**抑圧性マスキング**（suppressive masking）がある。興奮性マスキングは，音の興奮がもう一つの音の興奮を覆い隠すことによって生じるものであり，**図4.5**で説明される。例えば，1kHzで四つの音圧レベル（20，40，60，80dB）のマスカがあったとき，図の実線で示されるよう

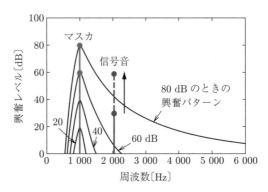

図 **4.5** 聴覚フィルタによる興奮パターンの算出（文献 3) より引用）

な興奮パターンが得られる。ここで 2 kHz で 30 dB の信号音を聴くとき，マスカレベルが 20，40，60 dB のときは信号音がその興奮より上にあるため，マスクされずに聴き取ることができるが，80 dB のときはその興奮に埋もれて聴き取ることができない。この結果は，低い周波数の音ほど高い周波数の音をマスクしやすいことを指しており，**マスキングの上方への広がり**（upward spread of masking）と呼ばれる。もう一つの抑圧性マスキングは，ある音の興奮が聴きたい音の興奮を低下させることで聴こえなくなるというものであり，2 音抑圧として知られるものである。

　音響情報ハイディングでは透かしを目的信号，ホスト信号をマスカと考えることができる。これらの結果を踏まえると，「透かしがホスト信号によっていつでもマスクされるように埋め込むこと」が知覚不可能な音響情報ハイディングを実現するための一つの大きな考えになることがわかる。

4.1.4 聴覚情景分析

　聴覚情景分析（auditory scene analysis）とは，音を通じて環境を把握するときに聴覚はどのようなメカニズムで音のイベントを知覚しているかを議論したものであり，Bregman の著書[4]でその詳細が百科事典のような形でまとめられている。これは，カクテルパーティ問題を解くにあたって重要となる聴覚

機能をゲジュタルト心理学のアプローチから紐解く学問でもある。その多くは
Bregman によって精力的に検討されてきた**音脈分凝**（auditory segregation）
を中心にまとめられているが，連続聴効果やマスキング可能性の法則について
も触れられている。

　聴覚情景分析から工学への応用では，Bregman によってまとめられたつぎの
四つの発見的規則の理解が重要である（**図 4.6**）。

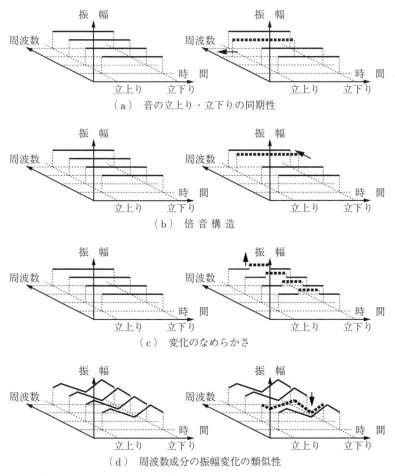

（a）　音の立上り・立下りの同期性

（b）　倍 音 構 造

（c）　変化のなめらかさ

（d）　周波数成分の振幅変化の類似性

図 4.6　聴覚情景分析から得られた四つの発見的規則（文献 1) より引用）

①　音の立上りと立下りの同期性

②　音の倍音構造（基本波の整数倍の周波数成分を持つ）

③　音の変化のなめらかさ

④　音の周波数成分の振幅変化の類似性（運命共通の原理）

これらの規則は，一つの音源から一つの音が出ていると考えたとき，受音側が一つの音源から出たものであるかどうかを判別するときに利用できる。言い換えると，ある音源から来た音を聴いているときに，別の音源から来た音の存在（新しいイベントが生じたこと）を知るときに役立つ規則である。また，音を一つの音脈と見たとき，これらの四つの規則は二つの音脈に分凝する条件あるいは二つの音脈が一つのものに融合するときの条件としても解釈できる。これらは広い意味で聴知覚特性を規則で表すものと考えることができる。最もよく知られた例が，**共変調マスキング解除**（co-modulation masking release, CMR）である。これは，ランダム雑音にマスクされて聴こえない純音が，同じ雑音レベルであるが振幅変調されたランダム雑音である場合，純音が浮き上がって聴こえてくる（マスキングが解除される）という現象であり，④の運命共通の原理で説明できることが知られている。

　音響情報ハイディングでは，ホスト信号を聴いているときに新しいイベント（透かし）を知覚しないようにすることを考えているため，「これらの四つの発見的規則を利用して透かしを埋め込むこと」が知覚不可能な音響情報ハイディングを実現するための一つの大きな考えになることがわかる。

4.1.5　バイノーラル受聴における諸特性

　ここまでは片耳受聴の聴覚特性を説明してきたが，ヒトは二つの耳を利用して音を聴く。そのため，両耳（バイノーラル）受聴についても触れる。バイノーラル受聴では，**ダイオティック受聴**（diotic listening）と**ダイコティック受聴**（dichotic listening）というものがある。前者は両耳にまったく同じ信号が到達する条件下での受聴を指し，後者は両耳に異なる信号が到達する条件下での受聴を指す。例えば，ヘッドホンでモノラル音を聴くときとステレオ音を聴くと

きの違いと考えてもらうとよい。ダイオティック受聴はかなり特殊なケースで
あるため，ここではダイコティック受聴について説明する。

　ヒトは，**両耳間時間差**（interaural time difference，ITD），**両耳間レベル差**
（interaural level difference，ILD），**スペクトルの手がかり**（spectral cue）を
利用して，音空間（音の到来方向など）を把握している。例えば，水平角にお
ける音の到来方向の違いは，ITD や ILD の手がかりを利用しているといわれ，
1 kHz 以下の周波数では，正面方向で 1〜2 度程度の違いを弁別できるといわれ
ている。また，仰角における到来方向の違いは，スペクトルの手がかりを利用
しているといわれている。ここで，弁別できる角度を**最小可聴角度**（minimum
audible angle，MAA）という。

　空間音響におけるマスキングの知見としては，**両耳受聴マスキングレベル差**
（binaural masking level difference，BMLD）や**空間知覚におけるマスキング
解除**（spatial release of masking，SRM）が知られている。前者は，図 4.4（a）
に示すような同時マスキングのときにダイオティック受聴とダイコティック受聴
ではマスキング量が異なる，特にマスカに対し信号の位相差があるときに位相差
がないときよりもマスクされ難いことを指している。後者は，ITD や ILD を含
め，信号とマスカが同方向から来るときのマスキング量よりも異なる方向から来
るときのマスキング量が少ないというものである。いずれも到来方向を手がか
りにマスキングを解除するものである。例えば，アンビソニックと空間マスキン
グを活用した音響情報ハイディングが Nishimura によって提案されている[5]。

　これらの結果から，空間音響における音響情報ハイディングでは，「ホスト信
号と透かしの到来方向が同じになるように透かしをホスト信号に埋め込むこと」
が知覚不可能な音響情報ハイディングを実現するための一つの大きな考えにな
ることがわかる。

4.2　1990 年代〜2000 年初頭の方法

　2 章ならびに 3 章では，ディジタル音響信号への情報ハイディングを対象に，

量子化における音響情報ハイディングと符号化における音響情報ハイディング
が紹介された。ここでは，1990 年代〜2000 年初頭に提案された代表的な方法
を概説する。すべては網羅できないが，ここでは，聴覚特性に関係するものを
重点的に紹介する。

　まず，ホスト信号を $x(n)$，透かし信号を $w(n)$，透かしの埋め込み処理を $f(x, w)$
とし，透かしが埋め込まれた信号を $y(n)$ とする。また，ホスト信号，透かし信
号，透かしが埋め込まれた信号の振幅スペクトルを，それぞれ，$X(k)$，$W(k)$，
$Y(k)$ とする。このとき，音響情報ハイディング処理は次式のように表される。

$$y(n) = f(x, w) \tag{4.1}$$

$$Y(k) = F(X, W) \tag{4.2}$$

ただし，n は時間，k は周波数を表すインデックスである。2 章でも説明したよ
うに，量子化あるいは符号化に基づく音響情報ハイディングでは，$f(x, w)$ あ
るいは $F(X, W)$ 自体が量子化や符号化に対応し，その処理の中で $x(n)$ の中に
$w(n)$ を，あるいは $X(k)$ の中に $W(k)$ を隠すことになる。

　最も古典的な方法は，**図 4.7** に示す量子化ビット置換法である[6]。この方法
では，$x(n)$ の量子化ビットの一部を透かし情報で置換することで音響情報ハイ
ディングを実現している。図 (a) では，透かしの 2 値情報 $\{0, 1\}$ を $x(n)$ の
LSB に直接埋め込む。ここで，音の大きさの差の検知限に着目すると LSB の

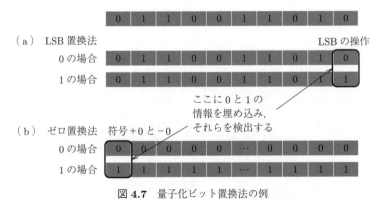

図 4.7 量子化ビット置換法の例

操作による音の強さの違いは丁度可知差異未満であることから，その違いを検知できない。透かしの検出に関しては，同様に，透かし入りの信号 $y(n)$ の LSB のビット情報を直接観測することで実現できる。

図（b）では，$+0$ と -0 の符号ビットの冗長性に着目して，$x(n) = 0$ のときのみ，符号ビットに直接透かし情報を埋め込む。ここで，音の大きさの差の検知限に着目すると，両者には大きさの違いがないためまったく検知できないといえる。透かしの検出に関しては，同様に $y(n) = 0$ のときのみ，その符号ビットから透かしを観測することで実現できる。

これらの量子化ビット置換法は，知覚不可能性の観点で非常に優れる方法である反面，雑音付与など些細な外来の影響に脆弱であり，頑健性が低いことが問題である。

4.2.1 オクターブ類似性を利用した音響情報ハイディング技術

音の知覚の 3 属性に着目した方法として，音色的な高さと音楽的な高さの二面性に関係した**オクターブ類似性**（octave similarity）に基づく音響情報ハイディング法がある[7]。この方法では，ある特定のスペクトルピークに対し，透かしの 2 値情報（$m = 0$ or $m = 1$）に合わせて，その周波数の 2 倍ないし $1/2$ 倍のスペクトルを 0 にすることで音響情報ハイディングを実現している。具体的にはつぎのように行う。

$$Y(k) = f(X, W) = X(k) - W(k) \tag{4.3}$$

ただし

$$W(k) = \begin{cases} X(k), & k = l \\ 0, & \text{otherwise} \end{cases} \tag{4.4}$$

$$l = \begin{cases} \dfrac{k_0}{2}, & m = 0 \\ 2k_0, & m = 1 \end{cases} \tag{4.5}$$

$$k_0 = \underset{a \leq k \leq b}{\arg\max} \, X(k) \tag{4.6}$$

ここで，k_0 はスペクトルピークの周波数であり，a と b は k_0 を探すための周波数範囲の下限と上限である。

図 **4.8**（a）にオクターブ類似性に基づく透かしの埋め込み例を示す。ここでは，$k_0 = 400\,\mathrm{Hz}$ であるため，透かしの 2 値情報に合わせて $k_0/2 = 200\,\mathrm{Hz}$ ないし，$2k_0 = 800\,\mathrm{Hz}$ の振幅スペクトル $Y(k)$ がゼロ埋めされることで，透かしが埋め込まれる。$X(k_0)$ が単音であるとするとオクターブ類似性の観点から音楽的な高さは変わらないが，音色的高さは変わることになる。この埋め込みは，$X(k)$ の全体のスペクトル形状に依存するため，次式のように k_0 の 2 倍と 4 倍の場所を操作する方法も提案されている[8]。

$$
l = \begin{cases} 2k_0, & m = 0 \\ 4k_0, & m = 1 \end{cases} \tag{4.7}
$$

これらの結果は，オクターブ類似性に基づくが，Bregman の ② の発見的規則

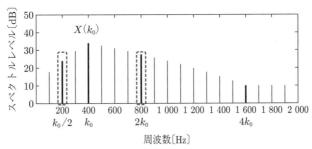

（a）　スペクトル減算の例

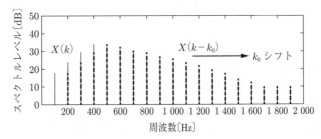

（b）　スペクトルシフトの例

図 **4.8**　オクターブ類似性に着目した透かしの埋め込み法

（調波関係）にも関連するものである。つまり，調波成分の部分音が欠落しても調波関係が成り立つことから音の高さは変わらず，それに気づくかどうかがポイントになる。

式 (4.5) を利用して透かしを埋め込んだ場合の透かし情報の検出は，透かし入りの信号の振幅スペクトル $Y(k)$ から，次式を利用して検出できる。

$$m = \begin{cases} 1, & Y(2k_0) \leq Y\dfrac{k_0}{2} \\ 0, & Y(2k_0) > Y\dfrac{k_0}{2} \end{cases} \tag{4.8}$$

一方，式 (4.7) を利用して透かしを埋め込んだ場合は，上式のように振幅スペクトルの大小関係から，$Y(4k_0) \leq Y(2k_0)$ のときに $m = 1$，$Y(4k_0) > Y(2k_0)$ のときに $m = 0$ という形で透かしを検出することもできる。

図 4.8（b）は，オクターブ類似性に基づいたもう一つの音響情報ハイディング法の例を示す。原信号の振幅スペクトル $X(k)$ は調波性を満たしており，基本周波数 F_0 の整数倍で構成されている。F_0 が 2 倍，4 倍，8 倍になるように $X(k)$ 全体を高い周波数側へシフト操作しても，振幅スペクトルで観測される調波性は保存されたままである。そのため，スペクトル包絡線のみ変わることから音色的高さは変わるが，音楽的高さ（音の高さの知覚）は変わらない。このように，オクターブ類似性を満たした透かしの埋め込み法 $f(X, W)$ も考えられる。

$$Y(k) = F(X, W) = \begin{cases} X(k), & m = 0 \\ X(k - qk_0), & m = 1 \end{cases} \tag{4.9}$$

ただし，k_0 は基本周波数に該当し，$F(X, W)$ は，k_0 に関して 2 倍（$q = 1$），4 倍（$q = 3$），8 倍（$q = 7$）の高域側への周波数シフトとなる。また，$F(W, W)$ では，シフト後の qF_0 より低域側でゼロ埋めとなり，高域側でナイキスト周波数より上は切り捨てとなる。ここで，qk_0 のシフト透かしの検出は式 (4.5) と同じように所望の調波間のレベル差を検出することで容易に可能である。

このようにオクターブ類似性に基づく方法には，Bregman の発見的規則 ②（調波性）と密接な関係を持たせて発展させることもできる。例えば，振幅スペクトル

のスケール変換を適用する場合 $(Y(k) = X(qk))$ や，透かしを $W(k) = X(qk)$ として知覚的融合を想定した場合 $(Y(k) = X(k) + W(k))$ も検討できる。

4.2.2　スペクトル拡散を利用した音響情報ハイディング技術

無線通信やディジタル変調の分野では，**スペクトラム拡散通信**（本書では，**スペクトル拡散**（spread spectrum, SS）変調と呼ぶ）の考え方がある。この方法は，狭帯域変調信号（例えば，**位相偏移変調**（phase shift keying, PSK）や**周波数偏移変調**（frequency shift keying, FSK）など）のスペクトルを広帯域スペクトルに拡散することで秘匿性や雑音耐性を向上させるものであり，現在の主流なディジタル変調方式の一つになっている。音響情報ハイディングの分野では，この方式を輸入した形で発展している。無線通信と同様，拡散符号系列を直接利用する**直接拡散方式**（direct sequence SS, DSS）や**周波数ホッピング方式**（frequency hopping, FH）が知られている。ここでは，おもに DSS を紹介する。

DSS では，次式のように，メッセージ $m(n)$ を M 系列信号や**疑似乱数**（puseudrandom noise, PN）系列信号 $c(n)$ でスペクトル拡散変調したうえで透かし情報 $w(n)$ を作成し，それを a 倍して原信号 $x(n)$ に加算する。

$$y(n) = f(x, w) = x(n) + w(n) = x(n) + am(n)c(n) \qquad (4.10)$$

図 4.9（a）は，透かし情報 10110010 のビット系列を 1 フレーム 10 サンプルとして作成したメッセージ信号 $m(n)$ を示す。このとき，メッセージのスペクトル情報は図（b）のように帯域制限されているが，これに PN 系列信号 $c(n)$（図（c））を乗じて透かし信号 $w(n)$ を作成する（図（e））。PN 系列信号 $c(n)$ のスペクトルは，図（d）のように白色性を持つため，スペクトル拡散変調により，図（f）のように帯域制限されたスペクトルが広帯域に広がった状態で透かし情報が表現されることになる。これを知覚不可能になるように振幅レベルを調整した透かし $w(n)$ を原信号 $x(n)$ に加算することで音響情報ハイディングが可能となる。

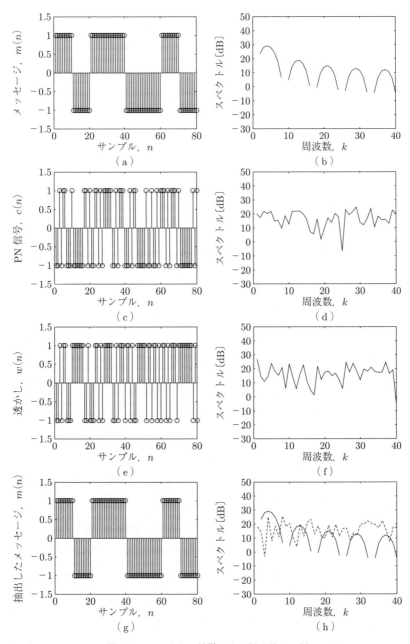

図 **4.9**　スペクトル拡散による埋め込みの例

透かし情報の検出は，つぎの方法を利用して行う。

$$m = \begin{cases} 0, & E\{y(n)c(n)\} \leq 0 \\ 1, & E\{y(n)c(n)\} > 0 \end{cases} \tag{4.11}$$

ただし，$E\{\cdot\}$ は期待値であり，$x(n)$, $y(n)$, $c(n)$ に関して，エルゴード性を仮定する。$E\{\cdot\}$ は "$\cdot$" に対しアンサンブル平均を求めたものであるが，時間平均を求めたものに等しくなるため，PN 系列信号は，$E\{c(n)\} = 0$ と $E\{c^2(n)\} = 1$ の性質を持つ（M 系列信号も同様の性質を持ち，広帯域でフラットな周波数スペクトル成分を持つ）。そのため，埋め込み後の信号 $y(n)$ にまったく同じ $c(n)$ を乗じると

$$\begin{aligned} E\{y(n)c(n)\} &= E\{[x(n) + am(n)c(n)]\, c(n)\} \\ &= E\{x(n)c(n)\} + E\{am(n)c^2(n)\} \\ &= aE\{m(n)\} \end{aligned} \tag{4.12}$$

を得る。ここで，$x(n)$ と $c(n)$ ならびに $m(n)$ と $c(n)$ はたがいに独立であることから第一項は 0 となり，第二項は $E\{am(n)\}$ と $E\{c^2(n)\}$ の積に分解可能である。そのため，1 フレーム内の $E\{y(n)c(n)\}$ を調べれば 1 フレーム内の $m(n)$ の平均が正（1 の場合）か負（0 の場合）であることを調べることで透かし情報を取り出せることになる（図 (a)）。このとき，埋め込み時に利用した PN 系列信号とは別の PN 系列信号 $c'(n)$ を利用して同様の処理を施すと，$E\{c(n)c'(n)\} = 0$ から $E\{y(n)c'(n)\} = 0$ となり，正しく $m(n)$ を検出できない（逆拡散できない）ことになる（図 (h) の破線のように白色性を有したまま図 (a) のような帯域に戻らない）。そのため，透かしの検出には埋め込み時に利用した PN 系列信号を再生成するための情報を共通鍵として保持しておく必要がある。上記で説明したものは，直接スペクトル拡散法での代表的な検出法であるが，$E\{c^2(n)\} = 1$ の性質からもわかるように，$y(n)$ と $c(n)$ のクロス相関を利用して検出する方法も代表的なものである。

スペクトル拡散法には，いくつかの改良法も知られている。例えば，次式の

ようにスペクトル領域で足し合わせるものがある。

$$Y(k) = X(k) + W(k) = X(k) + aM(k) * C(k) \tag{4.13}$$

ただし，a は埋め込み度合を決める係数であり，"$*$" は畳み込み演算である。
$M(k)$ と $C(k)$ はそれぞれ，周波数領域でのメッセージ情報と PN 系列である。
また，振幅スペクトルを保存した状態で位相スペクトルのみを操作して利用す
るものもある。

$$\boldsymbol{Y}(k) = \boldsymbol{X}(k) \exp(ja(k)M(k)C(k)) \tag{4.14}$$

$$\angle\boldsymbol{Y}(k) = \angle\boldsymbol{X}(k) + a(k)M(k)C(k) \tag{4.15}$$

ただし，$a(k)$ は周波数領域の荷重である。いずれの方法も周波数領域での DSS
法であり，透かし情報の検出も同様の方法で実現できる。

　最後に，ここで紹介した DSS 法では，$c(n)$ を PN 系列信号とした。しかし，
実際には，$E\{c(n)\} = 0$ と $E\{c^2(n)\} = 1$ の特性を満たせばスペクトル拡散法
で頑健に取り出すことができるため，$c(n)$ として白色雑音を利用する方法も考
えられる。この方法は，透かし情報の埋め込みや検出よりも，フレーム処理に
基づいた音響情報ハイディング法のフレーム同期検出に採用されている。

4.2.3　心理音響モデルを利用した音響情報ハイディング技術

　4.1 節のマスキング特性で紹介したように，低い周波数成分音は高い周波数
成分音をマスクしやすい。例えば，**図 4.10** に示すように，透かし信号を信号
音，ホスト信号をマスカとしたときの興奮パターンを考えると，ホスト信号の
音圧に依存してそのマスキングの上方への広がり具合が変わってくることがわ
かる。このマスキング特性を利用してつねに興奮パターンを下回るように透か
し信号 $w(n)$ をホスト信号 $x(n)$ に埋め込めば，原理的には知覚不可能な音響情
報ハイディングを実現できる。しかし，MPEG 圧縮に代表されるような情報圧
縮技術ではマスキング特性を利用しているため，そのまま透かしを埋め込んだ
だけでは MP3 に耐性を持った形で透かしを頑健に検出することができない。

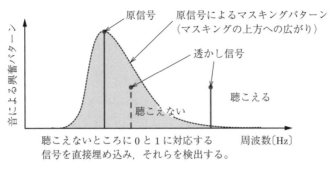

原信号　原信号によるマスキングパターン
（マスキングの上方への広がり）

透かし信号

聴こえる

聴こえない

音による興奮パターン

聴こえないところに0と1に対応する
信号を直接埋め込み，それらを検出する。

周波数〔Hz〕

図 4.10　周波数マスキングを利用した情報ハイディング

　前項ではスペクトル拡散法を紹介したが，この方法の発展版に**心理音響モデ
ル**（psycho-acoustic model）を利用したものがある[9), 10)]。式 (4.10) では，PN
系列信号 $c(n)$ をスペクトル拡散変調し，音の大きさの差を弁別できないように
係数 a を調整した。ここで，透かしの振幅スペクトルが，ホスト信号から算出
されるマスキングレベル（**図 4.11**）より十分低くなるように，透かしのスペク
トルレベルを補正する。具体的には，心理音響モデルから算出されるマスキン
グレベル（周波数特性）をフィルタ近似し，それを PN 系列信号 $c(n)$ に畳み込
むことで実現する（係数 a を時間の関数 $a(n)$ として取り扱う）。あるいは，式
(4.13) にて，係数 a を周波数の関数 $a(k)$ として直接フィルタ特性を補正する
方法もある。透かしの検出に関しては，従来のスペクトル拡散法のものと同様，

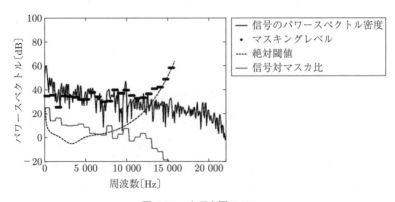

信号のパワースペクトル密度
マスキングレベル
絶対閾値
信号対マスカ比

パワースペクトル〔dB〕

周波数〔Hz〕

図 4.11　心理音響モデル

$c(n)$ を乗じて平均値を見るものと，$c(n)$ との相互相関係数を見るものがある。

この方法は，心理音響モデルを利用した音響情報ハイディングの基本となるが，MPEG 圧縮などに頑健ではないことが報告されている。情報圧縮などに耐性を持たせるために，この方法に対するいくつかの改良法が提案されている[11]。

　①　透かしを埋め込む周波数帯域を狭める方法（FH 法なども含む）

　②　マスキングレベルを近似するフィルタの改良

　③　継時マスキングの導入（マスキングレベルに減衰特性を加味）

　④　白色化相互相関法[12]を利用した透かしの検出

4.3　エコー知覚特性に着目した音響情報ハイディング技術

4.3.1　エ コ ー 知 覚

室内音響では，聴取者は音源から発生した音（直接音）だけでなく，壁や天井，床などを反射した音（反射音）も聴く。このとき，聴取者はこれらの混合音を一つの音（融合音）として知覚する。これは残響知覚と呼ばれるが，反射が単純なもの（第 1 反射，第 2 反射などの和）である場合，**エコー知覚**（echo perception）と呼ばれる（**図 4.12**（a））。

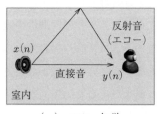
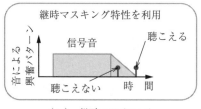

（a）　エコー知覚　　　　　　　（b）　継時マスキング

図 4.12　エコー法と継時マスキング

エコー知覚に関しては，空間音響の研究でさまざまな現象の報告がされている。一つは，**先行音効果**（precedence effect，あるいは第 1 波面の法則）である。これは，複数の音源から同一の音が耳に到達するとき，最初に到達した音の方

向に音像が定位される現象をいう。もう一つは，**エコー検知限**（echo-detection threshold）である。自由音場（等方性かつ均質の媒質中で境界の影響を無視できる音場）で2音の音圧レベルが等しい場合，その2音の時間のずれが短いとき（約0.6～1 ms）に一つの合成音として知覚され，ずれが長いとき（25 ms以上）に二つの音に分離して知覚されることが知られている。これは先行音効果の影響により反射音を第2音と知覚するかどうかの閾値として検討されたものである[13]（先行音効果と音像定位，三次元音響システムへの応用については文献14) を参照されたい）。

一方，直接音をマスカ，反射音を信号音としたとき，これらの現象は継時マスキングと見なすこともできる（図4.12（b））。図4.4（d）に示したように，信号音がマスカから50 ms以上離れると，信号音はマスクされないことがわかる。つまり，マスキング量から見て反射音が直接音より25 ms以上離れると二つの音を知覚し，それより短いときは直接音に反射音がマスクされて直接音のみを知覚することになる。

最後に，聴覚情景分析の見地から，どのような状況のときに反射音が一つの音源から発生した音として直接音と融合されるのか，またどのような状況のときに，反射音が直接音とは別の音源から発生した音として分凝されるのか，検討することができる。つまり，Bregman の発見的規則を満たすかどうかでエコー知覚を理解することができる。例えば，立上り・立下りの同期性の観点から，直接音と反射音の立上りの差が50 ms程度のときは，一つの音源から生じた音として知覚され，それ以上の差があるときはそれぞれの音源から来た音として知覚される。また，調波性の観点から，反射音は直接音の周波数成分をほぼそのまま含むため，調波性を手がかりに両者の融合が強まる傾向もある。

以上のことから，直接音と反射音の時間差が非常に短い場合（例えば10 ms以内），エコー検知限は非常に低くなり，エコー知覚や継時マスキングの観点からもエコー（反射音）を知覚することは非常に難しくなる。本節では，エコー知覚に基づいた二つの代表的な音響情報ハイディング法を紹介する。

4.3.2 単一エコーを利用した音響情報ハイディング技術

単一エコー法は，図 **4.13**（a）に示すように，第1反射音のみが存在するものであり，エコーの振幅値 a_m ならびにエコー時間 T_m を調整してホスト信号に透かし情報を埋め込む方法である。

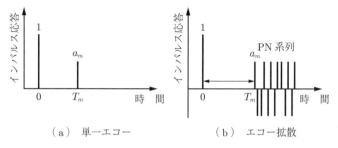

図 **4.13** エ コ ー 法

具体的には，次式のようにメッセージ m が0と1に対応した2種類の単一エコーのインパルス応答（単一エコー・カーネル）を畳み込むことで透かし情報を埋め込む[15]。

$$y(n) = f(x, w) = x(n) * h_m(n), \quad m = 0, 1 \tag{4.16}$$

$$h_0(n) = \delta(n) + a_0\delta(n - T_0) \tag{4.17}$$

$$h_1(n) = \delta(n) + a_1\delta(n - T_1) \tag{4.18}$$

ここで，a_0 と a_1 は振幅係数，T_0 と T_1 はエコー時間である。代表的な方法では，二つの異なるエコー時間を透かし情報の0と1に対応付けて割り当て，それらは5 ms 未満にしている（例えば，2 ms と 3 ms など）。振幅係数 a_m はエコーによる増幅を避けるため $a_m < 1$ とすることが一般的である。

透かし情報の検出に関しては，自己相関法やケプストラム法を利用することで比較的容易に実現できる。例えば，$a_0 = 0.4$, $T_0 = 1$ ms として，式 (4.16) を利用してホスト信号 $x(n)$ に透かしを埋め込んだ場合を考える。次式のように，透かしが埋め込まれた信号 $y(n)$ からその実ケプストラムを求める。

$$c(q) = \text{IDFT}(\log|\text{DFT}(y(n))|) \tag{4.19}$$

ただし，DFTならびにIDFTは離散Fourier変換（discrete Fourier transform）ならびに**逆離散Fourier変換**（inverse DFT）であり，qはケフレンシーである。図4.14（a）に示すように，得られた実ケプストラム$c(q)$では，エコー時間T_0に対応するピークがケフレンシーq上で観測される。そのため，検出されたエコー時間とT_0の突き合わせから透かし情報0を得ることができる。

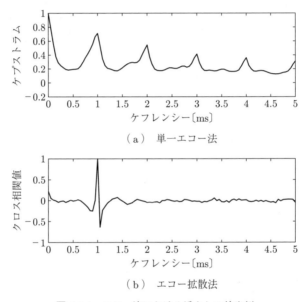

（a）　単一エコー法

（b）　エコー拡散法

図4.14 エコー法における透かしの検出例

4.3.3　エコー・カーネルを利用した音響情報ハイディング技術

単一エコーをエコー・カーネルとした場合，エコー時間T_mを知らなくても，ケプストラム法からエコー時間を推定できるため，秘匿性が高いとはいえない。これを改良する方法として複数の反射音で構成されるエコー・カーネルを利用する方法が提案されている[16), 17)]。代表的なものは，図4.13（b）に示すように，エコー成分をPN系列で構成するものであり，エコー拡散法と呼ばれる。この方法は，次式を利用してホスト信号$x(n)$に透かしを埋め込む。

$$y(n) = f(x, w) = x(n) * h_m(n), \quad m = 0, 1 \tag{4.20}$$

$$h_0(n) = \delta(n) + ac(n - T_0)U(n - T_0) \tag{4.21}$$

$$h_1(n) = \delta(n) + ac(n - T_1)U(n - T_1) \tag{4.22}$$

ただし，$U(n)$ はステップ応答関数であり，$c(n)$ は -1 と 1 で構成される PN 系列信号である。単一エコー法のときと同様に振幅係数 a_m とエコー時間 T_m をメッセージ m に対応付けて処理する。

透かし情報の検出に関しては，単一エコー法と同様にエコー情報がケプストラム情報に現れることに着目して実現できる。具体的には，複素ケプストラム（式 (4.19) にて，絶対値をとらずに複素スペクトルに対して求める方法）に対して，同じ PN 系列信号とのクロス相関を求め，相関が最も高いラグ時間に対応するケフレンシーを求めることで T_0 を検出できる。

例えば，図 4.13（b）にて，$a = 0.5$，$T_0 = 1\,\mathrm{ms}$ の情報で，PN 系列信号を用いて透かし情報を埋め込んだ場合を考える。$y(n)$ の複素ケプストラムを求め，その実ケプストラムと透かしに利用した PN 系列信号とのクロス相関を求めると図 4.14（b）を得る。このとき，ちょうど T_0 でクロス相関値が最大になる。T_1 の場合も同様の手順で検出できる。単一エコーとの違いは，秘匿性を高めるため，クロス相関の最大値を得るために，検出側で埋め込みに利用した PN 信号系列を生成するための鍵情報を持たなければならないことである。

4.4　振幅変調の知覚特性に基づいた音響情報ハイディング技術

4.4.1　振幅変調の知覚

4.1 節で説明した同時マスキング実験は，聴覚末梢系の持つ周波数分解の能力を解明するために試みられてきた。これは周波数選択性と呼ばれるものであり，聴覚機能の基礎的研究である。これに対して，振幅変調の検知閾値を測定する実験から変調周波数についての周波数選択性の検討も試みられてきた。これは聴覚の持つ一種の時間分解能力を示すものであり，振幅変調音に対する変

調マスキング実験に由来するものである。

　変調マスキング実験では，狭帯域雑音信号をキャリアに振幅変調を施した際の目的変調に対する妨害変調の度合が調べられた。一般に変調の強さは変調度（0〜1）で定義される。代表的なものとして Houtgast による変調マスキング実験が知られている[18]。ここでは，1〜4 kHz に帯域制限されたピンク雑音をキャリアとして，変調周波数を 1〜64 Hz まで 1 オクターブごとに変化させたときの絶対閾値（妨害変調なしのときのマスキング閾値）を測定した後，三つの変調中心周波数 4, 8, 16 Hz それぞれの 1/2 オクターブ変調帯域雑音に対するマスキング閾値を測定した。

　この実験結果から，聴覚フィルタ形状を推定する方法と同様に変調知覚に対する変調フィルタ形状を推定可能であるし，妨害変調の変調度が 10 dB 低下すると変調マスキング閾値も 10 dB 低下するという Weber 則も満たしている。変調フィルタ形状の非対称性まではまだ明らかにされていないが，この検知閾を変調周波数の関数として測定するものとして，**時間的変調伝達関数**（temporal modulation transfer function, TMTF）は重要な知見として利用されている（図 **4.15**）。

　TMTF の結果から，変調マスキングを定量的に説明するモデルとして Dau らのモデル[20], [21] が知られている。現在，このモデルは**変調フィルタバンク**

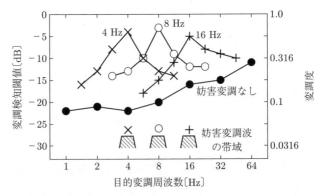

図 4.15　変調知覚における周波数選択性（文献 18) の Fig. 2 を
　　　　　再描画した文献 19) より引用）

(modulation filterbank) として利用されており，聴覚フィルタバンク出力か
ら振幅包絡線情報を抽出し，それに対して変調フィルタによる変調周波数分解
をするものが一般的になっている。また，変調マスキングで利用される特徴は，
長時間振幅包絡線情報のパワースペクトルモデルで説明されるものと考えられ，
聴覚心理学的アプローチだけでなく聴覚生理学的アプローチでも検討が試みら
れている[22]。

　変調知覚に関連するものとして，ほかに二つの報告がある。一つは**変調検知
干渉**（modulation detection interference, MDI）であり，目的変調の帯域とは
別の帯域にある振幅変調によって目的変調の検知閾が上昇する現象である。こ
れはマスキング閾値のところでも紹介した抑圧的マスキングの部類に入るもの
であると考えられるが，振幅変調の領域でも同様の抑圧的な作用があるのは興味
深い点である。もう一つは，**共変調マスキング解除**（co-modulation masking
release, CMR）であり，Bregman の発見的規則 ④ で説明されるような変調の
違いを手がかりに音を融合して聴くか，あるいは分凝して聴くかに関わる現象
である。いずれも隣接する聴覚フィルタ出力における振幅包絡線の相関に関わ
るものである。

4.4.2　振幅変調に基づく音響情報ハイディング技術

　振幅変調マスキングの知見に基づいた音響情報ハイディングが提案されてい
る[19],[23]。これは透かし信号の振幅変調（目的変調）に対し，ホスト信号の持
つ振幅変調成分（妨害変調）が振幅変調マスキングにより，つねに透かし情報
を検知されないようにすることがねらいである。そのため，この方法では，ま
ずホスト信号 $x(n)$ をフィルタバンク（帯域通過フィルタ群）により帯域分割
し，各帯域でのチャネル信号 $x_k(n)$ を対象に透かし情報を埋め込む。ここで，
$e_{xk}(n)$ を振幅変調成分，$c_k(n)$ を搬送波信号としてチャネル信号 $x_k(n)$ を次式
のように振幅変調形式で表現する。

$$x_k(n) = e_k(n)c_k(n) \tag{4.23}$$

つぎに，2 bit（00, 01, 10, 11）からなるメッセージ m（0, 1, 2, 3）に対応した位相 $r(k)$ を持つ振幅変調信号

$$w(n) = A \sin \frac{2\pi f_M n}{T + r(k)} \tag{4.24}$$

を用意する。ここで A は振幅変調の変調度，f_M は変調周波数，T はサンプリング周期である。$r(k)$ は，秘匿情報として 4 値の PSK と位相ランダム化に伴う初期位相の両方の値を持つ。振幅変調マスキングに基づく音情報ハイディング法では，この変調信号 $w(n)$ をチャネル信号 $x_k(n)$ に乗じて，次式のように振幅変調することで透かし情報を埋め込む。

$$y_k(n) = f(x_k, w) = (1 + w(n))e_k(n)c_k(n) \tag{4.25}$$

最後に，秘匿性の向上と頑健な透かし情報の検出も考慮して，フィルタバンクにより帯域分割されたうちの一つ以上の隣接した二つの帯域を透かし情報のパイロット帯域とし，位相偏移変調成分を判断するためのリファレンスに利用する。それ以外の隣接した任意の二つの帯域を一つのペアとして，それぞれ式 (4.24) とその逆相の振幅変調（$(1 - w(n))e_{k+1}(n)c_{k+1}(n)$）を掛ける。以上が，透かし情報の埋め込み方法の基本原理になる。隣接した任意の二つの帯域の取り方に変化を付けることで埋め込み情報を増やすことも可能であるし，埋め込み後に $w(n)$ にある初期位相をランダムシフトすることで秘匿性を高めることも可能である。

つぎに，上述の方法で埋め込みをした透かし信号の検出方法について説明する。k 番目と $k+1$ 番目のチャネル信号に同相・逆相の振幅変調を掛け，それらを帯域分割後に振幅包絡線情報を抽出したものとする。このときの振幅包絡線情報 $s_k(n)$ と $s_{k+1}(n)$ を次式のように仮定する。

$$s_k(n) = (1 + w(n))e_k(n) + N_k(n) \tag{4.26}$$

$$s_{k+1}(n) = (1 - w(n))e_{k+1}(n) + N_{k+1}(n) \tag{4.27}$$

ただし，$N_k(n)$ と $N_{k+1}(n)$ をチャネル内で生じたさまざまな要因（例えば，符

号化といった処理）により生じた雑音成分とする。隣接した帯域での振幅包絡線の比の対数 $G(n)$ を考えると，その近似解は次式のようになる。

$$
\begin{aligned}
G(n) &= \log \frac{y_k(n)}{y_{k+1}(n)} \\
&\approx \log \frac{e_{2k-1}(n)}{e_{2k}(n)} + \left(2 - \frac{N_{2k}(n)}{e_{2k}(n)} - \frac{N_{2k-1}(n)}{e_{2k-1}(n)} \right) w(n) \\
&\quad + \left(\frac{N_{2k-1}(n)}{e_{2k-1}(n)} \right)^2 - \left(\frac{N_{2k}(n)}{e_{2k}(n)} \right)^2
\end{aligned}
\tag{4.28}
$$

第一項は，原信号の振幅包絡線の比であり，近い帯域の振幅変動には高い相関があることが知られているため，おおよそ定数になる。第三項と第四項は，一種の信号対雑音比（SN 比）の逆数であるため，第一項と比較して相対的に無視できるくらい小さい値になる。そのため，残る第二項も SN 比の関係からおおよそ $2w(n)$ になると考えてよいことになる。以上から，$G(n)$ を抽出することで透かし情報 $w(n)$ を 2 倍の値として直接検出できることになる。メッセージは $w(n)$ の中に PSK の形で変調されているため，$w(n)$ の位相情報をパイロット帯域で検出された $w(n)$ の位相情報との差から $m = \{0, 1, 2, 3\}$（ビット系列 00，01，10，11）を得ることになる。

例えば，変調周波数が $f_M = 10\,\mathrm{Hz}$，変調度が 1，メッセージが $m = 0$（PSK で 00）の透かし情報 $w(n)$ を $e_k(n)$ に同相で，$e_{k+1}(n)$ に逆位相で振幅変調した場合を考える。これらを抽出した二つの包絡線情報を $s_k(n)$ と $s_{k+1}(n)$ とする（**図 4.16**（a））。つぎに $s_k(n)$ と $s_{k+1}(n)$ の比の対数である $G(n)$ を求めると図（b）の破線のようになる。図中の実線は $2w(n)$ である。式 (4.28) は近似解であるため，きれいな $2w(n)$ の概形として得られないが，周期・位相情報については完全に一致していることがわかる。この結果から，PSK 情報を得ることで透かしを正確に検出することができる。

振幅変調マスキングに基づく音情報ハイディング法は，5 章で IHC を満たした電子透かし法の一つであり，頑健性や秘匿性に優れる手法である。

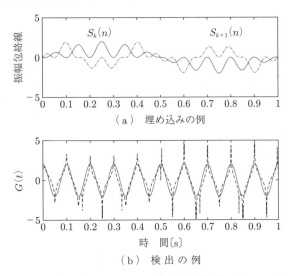

（a） 埋め込みの例

（b） 検 出 の 例

図 **4.16** 振幅変調マスキングに基づく音響情報ハイディング
による透かし

4.5 位相変調の知覚特性に基づいた音響情報ハイディング技術

4.5.1 位相変調の知覚

ヒトの聴覚は位相知覚に関して鈍感であるといわれる。これは，Helmholtz
の実験の結果（複合音の位相変化に伴う音の高さ知覚と音色の知覚）と "The
ear is deaf to phase" という説明からきているようである。Helmholtz の実験
では，120 Hz と 240 Hz の基本周波数を持つ二つの 8 成分調波複合音を利用し，
構成する成分音の位相を変化させたときの音色の変化を調査した。その結果，
「高い周波数成分では位相変化の影響が見られるが，位相の変化による音色の変
化は，ある母音がほかの母音と知覚されるほど大きくない」という結論を導い
た。その後，この結論は「位相の変化による音色の違いは無視できる」と単純
化されたものに変容し，このフレーズだけが独り歩きしてしまい，ヒトは位相
に鈍感であると広まってしまったようである[24]。

位相知覚に関しては，いくつかの関連研究が報告されており，位相に鈍感であるということを否定する結果も少なくない。例えば，Licklider は，16 成分調波複合音を利用し，それぞれの成分音の位相変化に伴う弁別実験を行った。その結果，すべての条件で弁別可能であるため，"The auditory system is by no means phase-deaf." と結論づけた。Schroeder は音色が刺激波形の先鋭度に強く関係し，位相の変化によって波形の先鋭度が変化することで音色の変化が現れると説明した。Patterson は，31 成分調波複合音を利用し，成分音の位相変化に伴う音色比較実験を行った。その結果，基本周波数が 400 Hz 以上であれば位相変化に鈍感であるが，200 Hz 以下であれば音色の違いを弁別可能であることを示した。Ozawa らは，2 成分音複合音を利用して位相変化に伴う音色知覚を調査した。その結果，二つの成分音の相対的な位相関係の変化が音色知覚に影響を与えることを発見した[25]。

これらの結果から，ヒトは位相に鈍感ではなく，鈍感な場合とそうでない場合があるといえる。最近では音声合成技術でも自然で高品質な音声を生成するために位相操作（群遅延操作）は重要な処理項目になっている。

4.5.2　周期的位相変調に基づいた音響情報ハイディング技術

位相知覚の研究から，位相変調に関する音色知覚の弁別に関する知見もある[26]。位相変調は位相変化量が時々刻々と変化するものであり，周波数変調と見なすこともできる。西村らは，周期的位相変調方式において，どれだけの位相変調量や変調周期であれば，音色の違い（位相変調によるひずみ）を弁別できるのか調べた。この実験では，次式で示す 2 次 IIR フィルタを利用し，ω_0 を周期的に変化させた位相変調を音響信号に掛けることで，位相変調によるひずみの検知限を調べた[26]。

$$H(z) = \frac{a + bz^{-1} + z^{-2}}{1 + bz^{-1} + az^{-2}} \tag{4.29}$$

ただし，フィルタ係数は

$$a = \frac{4f_s^2 - f_s\omega_0/Q + \omega_0^2}{4f_s^2 + f_s\omega_0/Q + \omega_0^2} \tag{4.30}$$

$$b = \frac{2(\omega_0 + 2f_s)(\omega_0 - 2f_s)}{4f_s^2 + 2f_s\omega_0/Q + \omega_0^2} \tag{4.31}$$

$$\omega_0 = \frac{\omega_{\max} - \omega_{\min}}{2}(1 - \cos(2\pi f_{PM}t)) + \omega_{\min} \tag{4.32}$$

である。$\omega_{\max}$ と $\omega_{\min}$ は位相変調量を定める変動の上限と下限であり，ω_0 はその範囲内を変調周波数 f_{PM} の余弦波で変動する。式 (4.29) は，一般に全域通過フィルタと呼ばれるものであり，極と零点が同じ各周波数上で単位円を中心に対極にある形で構成され，振幅成分はつねに 1 であるが，位相成分のみ操作される。また，ω_0 を時間変動させるため，式 (4.29) は時変 IIR フィルタとなる。

西村らの実験では，ジャズ，女性ボーカル，矩形波（500 Hz 周期）といった音響信号に対し，AXB 法（真ん中の刺激（X）が最初の刺激（A）と最後の刺激（B）のどちらに等しいかを答えてもらう方法）を利用して周期的位相変調に伴うひずみの検知限を調べた。その結果，弁別限は音響信号の種類に依存するが，矩形波のような信号では，$f_{PM} \leq 10$ Hz のゆるやかな変調をすればひずみを検知できないことを発見した。ジャズや女性ボーカルなどはもう少し検知限は高い周波数に推移するが，実際に変調周波数として利用できるものは約 10 Hz 以下というきわめて低い周波数に限定されるものと考えられる[26]。

周期的位相変調法では，これらの検知限の結果に基づき，ゆっくりとした位相変調をホスト信号に施すことで透かし情報の埋め込みを実現している。

$$y(n) = f(x, w) = x(n) * w(n) \tag{4.33}$$

ここで，$w(n)$ は 2 種類の位相変調の変調周波数を操作した 2 次の IIR（式 (4.29)）であるため，時系列信号の取り扱いとしては

$$y(n) = -by(n-1) - ay(n-2) + ax(n) + bx(n-1) + x(n-2) \tag{4.34}$$

となる。2 次 IIR フィルタの各係数は時変であり，透かし情報 $m = 0$ あるいは

$m = 1$ に合わせて位相変調の周波数を次式で操作,ω_0 を式 (4.32) で決定する。

$$f_{\mathrm{PM}} = \begin{cases} f_0, & m = 0 \\ f_1, & m = 1 \end{cases} \tag{4.35}$$

f_0 と f_1 の決定は 10 Hz より低ければよく,$f_0 = 6\,\mathrm{Hz}$,$f_1 = 8\,\mathrm{Hz}$ が利用されている[26]。

透かしの検出に関しては,2 種類の方法が提案されている。一つはホスト信号を利用して透かしを検出するノンブラインド法であり,ホスト信号と透かし入り信号の位相変化量を比較し,変調周波数 f_{PM} を同定することで透かし情報を検出する。もう一つは,パラメトリック推定に基づくものであり,式 (4.29) の極と零点をブラインドで推定するものである。この方法はやや難解な側面を持つが,後述するチャープ z 変換を利用することで透かし検出も可能である[27]。

注意事項として,前者ではフィルタの位相の 2π の回り込みが起こるため補正が必要であり,後者では,位相変調量が時々刻々変化しているため,時間フレーム長を変調周期に対して十分短くしなければならないことが挙げられる。周期的位相変調法のブラインド検出に関しては,信号の定常成分における群遅延のコヒーレンスに着目し,周波数に依存しない群遅延を加える位相変調フィルタの構成法やその検出法も提案されている[28]。

4.5.3 蝸牛遅延特性に基づいた音響情報ハイディング技術

音の知覚で重要な器官である蝸牛において,**蝸牛遅延** (cochlear delay) と呼ばれる一種の群遅延が生じることが知られている。以降では,この蝸牛遅延の特性に基づいた音響情報ハイディングを紹介する。

広範囲の周波数成分を含むホスト信号が聴覚に入力されたとする。信号の高い周波数成分に反応する基底膜振動は蝸牛底側(基部)で見られ(**図 4.17** の点 A),信号の低い周波数成分に反応する振動は蝸牛頂側(頂部)で見られる(図の点 C)。また,信号の中域の周波数成分に反応する基底膜振動は,蝸牛の中央付近(図の点 B)で見られる。そのため,さまざまな周波数成分を含む,パル

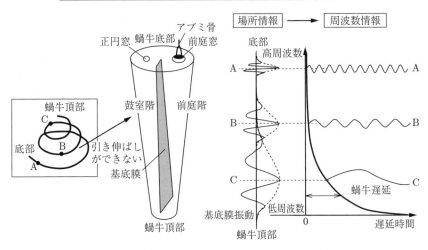

図 4.17　蝸牛の構成と基底膜振動で見られる蝸牛遅延（文献 30) から引用）

スのような信号が蝸牛内を伝搬した場合，各周波数成分に対応する基底膜振動には，蝸牛底側から蝸牛頂側に向かって（高い周波数から低い周波数に向かって）蝸牛遅延と呼ばれる遅延が生じる[29]。

　各周波数成分音が物理的に同時にはじまる音に対する蝸牛からの出力には，蝸牛遅延によって周波数成分間に時間のずれが生じている。しかし，物理的に同時にはじまる周波数成分音は，知覚的にも同時であると知覚される。饗庭らは，蝸牛遅延と音の成分音間の同時性判断にどのような関係があるかを調べるため，成分音間の群遅延特性を操作可能な実験パラダイムを組み立てた[31],[32]。はじめに，Dau ら[29] が利用した補正処理に基づき，三つの調波複合音（① 通常（群遅延操作なし）の調波複合音（intrinsic, 図 4.18（a）），② 蝸牛遅延を打ち消すような群遅延を与えた調波複合音（compensated, 図（b）），③ 蝸牛遅延を増長させるような群遅延を与えた調波複合音（enhanced, 図（c）））を用いて，蝸牛遅延が成分音の同時性判断に与える影響を心理物理実験により検討した。ここでは，基底膜の物理的なスチフネス（stiffness）が蝸牛基部から頂部にかけて蝸牛隔膜に沿って指数関数的に減少するという仮定を立て，進行波の伝搬時間を模擬した（図 4.17）。右パネルに示す蝸牛遅延に沿って，遅延増

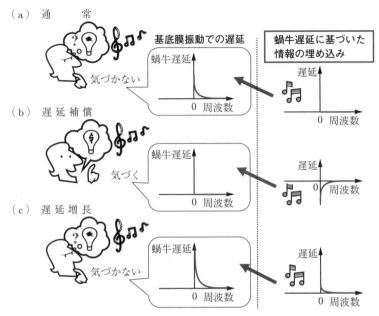

図 4.18 蝸牛遅延に基づいた透かし情報の埋め込み法の着眼点

長の刺激では，群遅延の加算処理を施し，遅延補正の刺激では，遅延が相殺さ
れるように群遅延の減算処理を施した。その結果，調波複合音①と③の違い
は知覚不可能であるが，調波複合音①と②の違いは有意に知覚されることが
わかった[31]。この結果は，人間の聴覚系において，通常の音と蝸牛遅延を増長
したような音は区別できず，反対に調波複合音②のように，低い周波数成分と
高い周波数成分が蝸牛の出力時点で同時となるような非現実的な音には敏感で
あるということを示唆している。

　つぎに，饗庭らは，蝸牛遅延が二つの音の同時性の知覚的な判断にどのよう
な影響を与えるかを調べるため，三つの刺激（ⓐパルス音，ⓑ蝸牛遅延量を補
正したチャープ音，ⓒ増長されたチャープ音）における 2 音の同時性判断の閾
値を調べた[32]。ここで，閾値は，被験者が二つの音の非同時性を判断できたと
きの 2 音間の時間間隔であった。この結果，刺激ⓑに対する判断の閾値が一番
高いことがわかった。これは，刺激ⓑに対し，被験者は非同時性を判断するた

めに比較的長いラグ時間を必要としたことを意味する。刺激 ⓒ に対する判断の閾値は，刺激 ⓐ に対するものとほぼ同じであった。これは，同時性判断の精度は蝸牛遅延が補償されたとしても向上しないことを意味する。

　以上のことから，聴覚系は，蝸牛遅延に沿って増長した遅延信号と原信号の弁別が難しい，つまり，蝸牛遅延に沿った遅延に対して鈍感なシステムであることが示唆される。

　蝸牛遅延の特性と饗庭らの同時性判断の研究成果に基づけば，図 4.18 に示すように，蝸牛遅延に相当する群遅延を利用して，ホスト信号に遅延を情報として埋め込むことにより，知覚されにくい音響情報ハイディングを実現できる。そこで，次式の 1 次 IIR 全域通過フィルタ $H_m(z)$ の群遅延 $\tau_m(\omega)$ を利用する。

$$H_m(z) = \frac{-b_m + z^{-1}}{1 - b_m z^{-1}} \tag{4.36}$$

$$\tau_m(\omega) = -\frac{d\arg(H_m(e^{j\omega}))}{d\omega} \tag{4.37}$$

ただし，$H(e^{j\omega}) = H_m(z))|_{z=e^{j\omega}}$ である。ここで，透かし情報 $(m = 0$ or $m = 1)$ に対応したフィルタ係数 b_0 と b_1 を利用して 2 種類の IIR フィルタ $H_m(z)$ を用意し

$$y(n) = -b_m x(n) + x(n-1) + b_m y(n-1) \tag{4.38}$$

を利用して透かしを埋め込む。ここでは，$b_0 = 0.795$ と $b_1 = 0.865$ とすることが一般的である。この方法には，ペイロードを高めるための方法として，蝸牛遅延フィルタの組み合わせ構成を，多段並列型フィルタ構成や多段縦続型フィルタ構成，さらにはこれらを組み合わせた多段複合型フィルタ構成とした発展法もある[30]。

　透かしの検出に関しては，周期的位相変調法と同様にホスト信号を利用して検出するノンブラインド法とホスト信号を利用しないブラインド法がある。ノンブラインド法では，ホスト信号 $x(n)$ と透かし入り信号 $y(n)$ の位相スペクトルを求め，両者の差が $H_m(z)$ の位相特性に合致することに着目し，それらの突き合わせから $m = 0$ か $m = 1$ を判定する。

ブラインド法では，次式のチャープ z 変換を利用して，蝸牛遅延フィルタの極と零点を透かし入り信号 $y(n)$ から逆推定することで透かしを検出する。

$$Y(z_k) = \sum_{n=0}^{N-1} y(n) z_k^{-n} \qquad (4.39)$$

ここで，$z_k = AW^{-k}$，$k = 0, 1, \cdots, M-1$，$A = A_0 \exp(j\theta_0)$，$W = W_0 \exp(j\phi_0)$ であり，θ_0 と ϕ_0 は初期位相である。z 変換（$z = r \exp(j\omega_i)$）は，単位円周上（$r = 1$）での離散 Fourier 変換（DFT）と等価である。そのため，$A = 1$，$M = N$，$W = \exp(-j2\pi/N)$ を利用したチャープ z 変換は DFT と等しく，r を複素平面上を任意の軌道で 1 周閉じる形で分析することで，ズーム DFT やフィルタ分析，極推定などに利用される。ブラインド検出では，埋め込みに利用した $H_m(z)$ の零点を通るようにチャープ z 変換を $y(n)$ に施す。このとき，埋め込みに利用した $H_m(z)$ の零点とチャープ z 変換で分析する零点が一致するとき，スペクトル $Y(z_k)$ の DC 成分には反共振の影響として大きなスペクトル減衰が見られるが，両者が一致しないときは $Y(z_k)$ の値にはこのような影響が一切見られない。この手がかりを利用して埋め込んだ透かし情報を頑健に抽出できる。

4.5.4 群遅延操作に基づく音響情報ハイディング技術

エコー法や，周期的位相変調法，蝸牛遅延に基づく音響情報ハイディング法は，群遅延操作に基づく処理と読み替えることもできる。これらは，**図 4.19** に

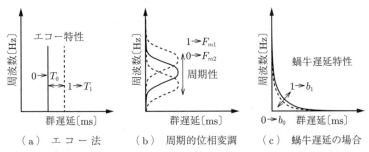

（a）エコー法　　（b）周期的位相変調　　（c）蝸牛遅延の場合

図 4.19 埋め込みに利用するおもな群遅延特性（文献 30) から引用）

示すように，エコーや位相を操作することによって間接的に群遅延も操作し，ホスト信号に人工的な遅延を付けていることと等価であると解釈できる。

　エコー法は，図 4.19（a）のように 2 種類のエコー時間を調整することで知覚不可能な埋め込みを実現できるが（1 次反射音の振幅を調整する方法もある），自己相関などの処理により容易に透かし情報を検出できるため，秘匿性に問題がある。周期的位相変調法は，ゆっくりとした周期的な位相変調が比較的知覚されにくいという聴覚特性に基づき，図（b）のように特定の周波数帯の位相を 2 種類の周期で位相変調している。蝸牛遅延に基づく方法は，図（c）のように 2 種類の蝸牛遅延を 1 次 IIR 全域通過フィルタにより操作し，ホスト信号に付与することで知覚不可能な埋め込みを実現している。

引用・参考文献

1 ）　日本音響学会 編，鈴木陽一，赤木正人，伊藤彰則，佐藤　洋，苣木禎史，中村健太郎 著：音響学入門，音響入門シリーズ A1，コロナ社 (2011)

2 ）　日本音響学会 編，森　周司 編，香田　徹 編著，日比野浩 ほか著：聴覚モデル，音響サイエンスシリーズ 3，コロナ社 (2016)

3 ）　日本音響学会 編，音響キーワードブック—DVD 付—，コロナ社 (2016)

4 ）　A. Bregman：Auditory Scene Analysis：The Perceptual organization of Sound, MIT Press (1990)

5 ）　R. Nishimura：Audio watermarking using spatial masking and ambisonics, IEEE Trans. Audio Speech Lang. Proc., **20**(9), pp. 2461–2469 (2012)

6 ）　N. Cvejic and T. Seppänen：Digital audio watermarking techniques and technologies, IGI Global (2007)

7 ）　松村　厳，荒川　薫：オクターブ類似性に基づくオーディオ信号への電子透かし，信学誌 A，**J87-A**(6), pp. 787–796 (2004)

8 ）　杉山清一，渡部英二：オクターブ類似性に基づく電子透かしの埋込法の改良，信学誌 A，**J91-A**(8), pp. 828–831 (2008)

9 ）　L. Boney, A. H. Tewfik, and K. N. Hamdy：Digital watermarking for audio signals, IEEE Int. Conf. Multimedia Comput. Syst., pp. 473–480 (1996)

10）　L. Boney, A. H. Tewfik, and K. N. Hamdy：Digital watermarking for audio signals, EUSIPCO1996 (1996)

11) 中山　彰, 陸　金林, 中村　哲, 鹿野清宏：心理音響モデルに基づいたオーディ
オ信号の電子透かし, 信学誌 D-II, **J83-D-II**(11), pp. 2255–2263 (2000)

12) M. Omologo and P. Svaizer：Acoustic source location in noisy and reverberant environment using CSP analysis, Proc. ICASSP96, pp. 921–924 (1996)

13) 播磨敏雄, 安倍浩治, 高根昭一, 曽根敏夫：音像定位における先行音効果とエコー知覚の限界に関する考察, 信学技報 HIP2004-75, pp. 13–18 (2004)

14) 飯田一博：頭部伝達関数の基礎と 3 次元音響システムへの応用, 音響テクノロジーシリーズ 19, コロナ社 (2017)

15) D. Gruhl, A. Lu, and W. Bender：Echo Hiding, Proc. Information Hiding 1st Workshop, pp. 295–315 (1996)

16) B.-S. Ko, R. Nishimura, and Y. Suzuki：Time-Spread Echo Method for Digital Audio Watermarking, IEEE Trans. Multimedia, **7**(2), pp. 212–221 (2005)

17) 薗田光太郎：位相変調の検知とエコー知覚を利用した音響電子透かし, 音響会誌, **71**(1), pp. 23–27 (2015)

18) T. Houtgast：Frequency selectivity in amplitude-modulation detection, J. Acoust. Soc. Am., **85**, pp. 1676–1680 (1989)

19) 西村　明：振幅変調に基づく音響電子透かしにおける聴覚的知見の利用, 音響会誌, **71**(1), pp. 28–33 (2015)

20) T. Dau, B. Kollmeier, and A. Kohlrausch：Modeling auditory processing of amplitude modulation. I. Detection and masking with narrow-band carriers, J. Acoust. Soc. Am., **102**, pp. 2892–2905 (1997)

21) T. Dau, B. Kollmeier, and A. Kohlrausch：Modeling auditory processing of amplitude modulation. II. Spectral and temporal integration, J. Acoust. Soc. Am., **102**, pp. 2906–2919 (1997)

22) P. C. Nelson and L. H. Carney：Cues for masked amplitude-modulation detection, J. Acoust. Soc. Am., **120**, pp. 978–990 (2006)

23) A. Nishimura：Audio watermarking based on subband amplitude modulation, Acoust. Sci. Tech., **31**, pp. 328–336 (2010)

24) 赤木正人：位相と知覚 ―人間ははたして位相聾か?―, 音講論（秋）, 1-2-2, pp. 193–196 (1997)

25) K. Ozawa, Y. Suzuki, and T. Sone：Monaural phase effects on timbre of two-tone signals, J. Acoust. Soc. Am., 93, pp. 1007–1011 (1993)

26) 西村竜一, 鈴木陽一：周期的位相変調に基づく音響電子透かし, 音響会誌, **60**(5), 268–272 (2004)

27) M. N. Ngo and M. Unoki：Method of audio watermarking based on adaptive phase modulation, IEICE Trans. Inf. Syst., **E99-D**(1), pp. 92–101 (2016)

28) K. Sonoda, R. Nishimura, and Y. Suzuki：Blind detection of watermarks embedded by periodical phase shifts, Acoust. Sci. Tech., **25**, pp. 103–105 (2004)

29) T. Dau, O. Wegner, V. Mallert, and B. Kollmeier：Auditory brainstem responses (ABR) with optimized chirp signals compensating basilar membrane dispersion, J. Acoust. Soc. Am., **107**, pp. 1530–1540 (2000)

30) 鵜木祐史, 宮内良太：聴覚特性の理解に基づく音響電子透かし技術とその評価, 音響会誌, **71**(1), pp. 15–22 (2015)

31) E. Aiba and M. Tsuzaki：Perceptual judgement in synchronization of two complex tones: Relation to the cochlear delays, Acoust. Sci. Tech., **28**(5), 357–359 (2007)

32) E. Aiba, M. Tsuzaki, S. Tanaka, and M. Unoki：Judgment of perceptual synchrony between two pulses and verification of its relation to cochlear delay by an auditory model, Japan Psychological Research 2008, **50**(4), pp. 204–213 (2008)

音響情報ハイディング
技術の評価

    以上の章で解説したように，音響情報ハイディング技術にはさまざまな方法がある。その性能は，外乱に対する頑健性，埋め込みデータ量，埋め込みによる音質劣化など多面的に評価する必要がある。必要とされる性能はそのハイディング技術を適用する応用により異なる。また，一般にその性能は音源に依存するので，横断的に性能比較を行うため，あらゆるジャンルや曲調をカバーする評価音源を統一しておく必要がある。さらに，耐久性を評価する攻撃も，想定される攻撃をなるべく多くカバーするため，その種類と攻撃の程度を明確に定義しておく必要がある。本章では以上の項目を解説する。最後に，評価条件を明確に定義し，この条件に沿った評価結果を競うハイディング技術のコンペティションについても言及する。

5.1　評　価　の　概　要

    1.3 節でも簡単に触れたが，音響情報ハイディング技術には一般的に以下の要求仕様が求められる。

  （**1**）**音質**（audio quality）・**知覚不可能性**（imperceptibility）　　一般に音響情報ハイディング技術を適用してデータを埋め込んでも，原音との差が知覚できないこと，つまり音質が劣化しないことが求められる。

  （**2**）**攻撃耐性**（robustness）　　意図的な攻撃，あるいは蓄積や伝送時に与えられる信号の改変があっても，埋め込まれたデータが検出できることが求められる。ただし，改変検出を積極的に行うため，少しの改変があっても透かしが検

出できなくなることが求められる**フラジャイル電子透かし**（fragile watermark）もある。

（**3**）**秘匿情報量**（ペイロード，payload）   ホスト信号（カバー信号）に埋め込むことができる情報量のこと。著作権保護などにはそれほど多くの情報量が求められないが，**ステガノグラフィ**（steganography）などの用途には一定量以上の情報量が求められる場合がある。

（**4**）**秘匿性**（secrecy）・**保安性**（security）   ホスト信号に音響データハイディング技術によりデータが埋め込まれていることが検出されないこと。また，用途によっては第三者に安易に埋め込まれたデータを再現できないように，**スクランブリング**（scrambling）や**暗号化**（encryption）を適用することも求められる。

（**5**）**処 理 量**（computational complexity）   データの埋め込みや検出に必要とされる処理量。双方向通信用途に用いられる情報ハイディング技術には，極端に処理量が少ないこと，処理遅延が少ないことなどが求められる。しかし音楽コンテンツなどでは，埋め込みに処理量が多くても問題はないが，検出に処理量が少ないことが求められる。

これらはいずれも独立ではなく，トレード・オフの関係にあり，一方の仕様の性能向上を図ると，ほかの仕様の性能が犠牲になる。また，一般的に音響・ハイディング技術で想定する応用によって要求仕様のレベルが大きく異なる。

本章では特に重要な最初の三つの仕様について解説し，その評価方法について述べる。

5.2 音響情報ハイディング技術の評価基準

5.2.1 評 価 音 源

音響情報ハイディング技術の評価においては，一定数の**評価音源**（audio sources for evaluation）を定めておき，これに対しハイディング技術を適用して音質を測るとともに，秘匿可能な情報量（ペイロード）を評価し，また外乱を与えてハ

イディングされたデータの検出を試み，その**誤検出率**（bit error rate，BER）を評価する。いずれの評価も音源に大きく依存することが知られているので，多様なジャンルから一定量の音源を利用することが求められる。音楽コンテンツに対するハイディング技術はほとんどの場合 CD 音源を対象とするので，評価音源も CD と同じ以下の仕様とすることが多い。

① 標本化周波数：44.1 kHz

② ステレオ

③ 16 bit/sample

ハイディング技術の提案者が独自の音源を用いて評価することもあるが，相互に性能比較を行うことが望ましいので，比較的簡単に入手できる下記の音源がよく用いられるようになってきている。

（1） sound quality assessment material（SQAM）[1],[2]　European Broadcasting Union（EBU）により音響機器の性能評価，音響符号化の音質などの目的のために集められた音源であり，CD として提供されている。弦楽器や管楽器などの楽器音，声楽，音声，オーケストラ，ポップ音楽など70 種類の音源が提供されている。著作権は放棄していないようだが，研究目的での利用は許諾されている。SQAM の全標本は現在 SQAM の専用サイト[2]よりダウンロード可能である。

（2） real world computing（RWC）研究用音楽データベース[3],[4]

新情報処理機構（Real World Computing Partnership，RWCP）によって集められた音源集であり，さまざまなジャンル（和洋ポップス，クラシック，ジャズ・フュージョン，ロック，声楽，邦楽など）の 300 以上の楽曲や楽器音を複数の CD にまとめたものである。おもな目的は音楽情報処理システムの研究用であるが，国内では特に音響符号化や音響情報ハイディング技術の評価にも用いられるようになってきている。すべての楽曲の著作権は期限が切れているか，研究目的での利用許諾が得られている音源である。このデータベースは利用申請，誓約書送付のうえ，シーミュージックより実費購入可能である[3]。

なお，音響情報ハイディング技術ではステレオチャネルを利用するものはま

だそれほど多くなく，上記音源のうち，一方のチャネル，ないしはモノラルに
ミックスダウンした音源に対しハイディングを行う場合が多い。

5.2.2 音　　　質

　最近の音響情報ハイディング技術では人間の聴覚特性を巧みに利用し，原音
との差がほとんどわからないように，比較的多量のデータを埋め込むことがで
きるようになってきた。この場合，従来から用いられてきた SNR などの単純
な評価方法では必ずしも音質を正確に測れなくなってきた。よって最終的には
人間を用いて主観的に音質を評価する必要がある。このような評価を**主観評価**
（subjective evaluation），またこのように評価された音質を**主観音質**（subjective
quality）と呼ぶ。

　主観音質評価値は聴取者による個人差が多分に含まれるため，その測定値の
分散を一定量以下に抑えることを目的として，多数の聴取者の平均値を用いる
必要がある。よって，一般的に主観評価は多くの時間と多数の聴取者を必要と
し，大変高価なものとなる。このため聴取者を用いずに，試験音の物理量（例
えば原音との差，そのエネルギーなど）から音質を推定することが行われるが，
これを**客観評価**（objective evaluation），またこのように評価された音質を**客
観音質**（objective quality）と呼ぶ。しかしながら，前述のように SNR のよう
な単純な物理量では**聴覚特性**（auditory characteristics）を積極的に利用した
ハイディング技術の評価が正確に行えないので，**聴覚モデル**（auditory model）
を取り入れた客観評価方法が必要である。

　以下，本節では音響情報ハイディング技術の音質評価によく用いられる主観，
ならびに客観評価方法について説明する。

〔1〕　主 観 的 評 価

　一般的に最近の音響情報ハイディング技術ではほとんど音質が劣化しない。
このような劣化の少ない音楽コンテンツの評価には以下の評価方法がよく用い
られる。いずれも International Telecommunication Union （ITU）標準とし
て標準化されている。

（**1**）　**ITU-R BS.1116-1**[5]　　一般的に劣化がほとんど検知できないほど少ない場合の評価に用いられる。評価には熟練した聴取者 20 名以上を採用することを推奨している。この評価は隠れ**基準信号**（reference signal，聴取者に基準音であることを明示しない原音）を含めた **3 刺激 2 重盲検法**（double-blind triple-stimulus with hidden reference）により行う。まず明示された基準音を聴取し，残り 2 評価対象音の評価を**表 5.1** の 5 段階の基準により行う。この対象音の一方は基準音であるが，このことは明示されない。聴取者は基準音と思われる対象音に 5.0 の評点を付与することになっている。さらに評価音の再生装置や環境についても細かく規定されている。この評価方法では一つの評価対象に対して 3 標本を必ず聴取する必要があるため時間が必要となるが，わずかな劣化も検出できるとされている。

表 **5.1**　ITU-R BS.1116-1 で用いられる音質評価基準と評点

評価基準	評　点
（劣化が）わからない （imperceptible）	5.0
わかるが気にならない （perceptible, but not annoying）	4.0
やや気になる （slightly annoying）	3.0
気になる （annoying）	2.0
非常に気になる （very annoying）	1.0

（**2**）　**ITU-R BS.1534-1**[6]　　中品質の劣化音の評価に用いられている。例えば **advanced audio coding**（AAC）コーデックなどの音質評価に用いられる。**MUSHRA**（multi stimulus test with hidden reference and anchor）としても知られている。明示した基準音を聴取した後，隠れ基準音と隠れアンカー音を含めた複数の評価対象音を順に聴取し，その音質を「非常によい（excellent）」に相当する 100 点から「非常に悪い（bad）」に相当する 0 点の間の連続量として評価する。このとき，隠れ基準音が対象音の中に含まれていることを明示し，これに対応すると思われる対象音一つに対して必ず 100 点を付与するように指

示を与える。一方，隠れアンカー音は評価の下限値を規定するために含まれており，一般的に 3.5 kHz をカットオフ周波数とする低域通過フィルタを適用した音が用いられる。複数のアンカー音を対象音に含めてもよく，例えば 7 kHz の低域通過音や加算雑音を含むもの，モノラルにミックスダウンした評価音などが用いられる。MUSHRA でも 20 名以上の熟練聴取者の採用が推奨されている。また，再生装置や環境に関する規定は ITU-R BS.1116-1 に規定されているものに準拠することとされている。

〔2〕 客 観 的 評 価

以上のように，音響信号の主観品質評価には多数の聴取者と多くの時間を必要とし，非常に高価なものとなる。よって聴取者を用いずに客観的に得られる物理量から主観音質が推定できれば，大きなコスト削減となるため，そのニーズが顕在する。これに対応して，音響信号の客観的品質推定方法が検討されてきており，そのうちいくつかは ITU などにより標準化され，頻繁に用いられている。どの推定方法もその構成はおよそ図 5.1 と同様になる。ここでは劣化は情報ハイディング技術を適用することによる音質劣化とする。

情報ハイディング技術により劣化した音響信号に対し，ハイディング処理によ

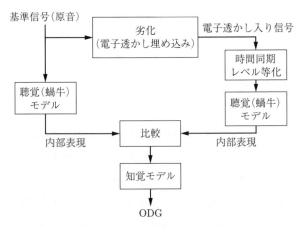

図 5.1　一般的な音響信号客観評価方法のブロック構成

り原音と振幅や位相がずれることがあるので，まず 2 信号間のレベル等化（level equalization）ならびに時間同期（temporal synchronization）を試みる。これはこの 2 種類の要因が推定量に影響する可能性があるが，主観音質には必ずしも影響しないためである。補償された劣化信号および原音に対し蝸牛における周波数成分の分析を模擬した聴覚モデルを適用し，各信号の内部表現を求める。この 2 系統の内部表現を比較し，その差分に対して主観音質に影響を与える聴覚的な感度を考慮した知覚モデルを適用し，主観音質推定量を得る。一般的に主観音質推定量は，表 5.2 に示した原音からの劣化量に相当する **objective difference grade**（ODG）で与えられる。

表 5.2 PEAQ, PEMO-Q などにより出力される ODG 値

対応評価基準	ODG
劣化知覚不能 (imperceptible)	0
違いがわかるが気にならない (perceptible, but not annoying)	−1
やや気になる (slightly annoying)	−2
気になる (annoying)	−3
非常に気になる (very annoying)	−4

以下，2 種類の代表的な客観音質推定方法を説明する。

（**1**）　**ITU-R BS.1387-1**：perceptual evaluation of audio quality（**PEAQ**）[7]

PEAQ は ITU により音響信号の客観品質推定方法として 1998 年に標準化されたものであり，現在最もよく用いられている推定方法である。原音と劣化音をそれぞれ聴覚フィルタ（auditory filter）を模擬したフィルタ群で帯域分割した後，絶対閾値，周波数マスキングや時間マスキングを考慮した複数の指標を算出し，あらかじめこの指標値と主観音質の対応をさまざまな劣化条件のデータで学習してあるニューラルネットワークに入力して，ODG を得る。

PEAQ にはおもに聴覚モデルの実装により 2 種類のバージョンが定義されている。FFT を用いて比較的簡単な聴覚モデルを実装した Basic Version と，フィ

ルタバンクと FFT を併用して，より緻密な聴覚フィルタを実装した Advanced Version である。

PEAQ はパッケージソフトとして，例えば Opticom 社では OPERA として製品化されている。この標準の関連技術は Opticom 社などが権利を保有し利用を制限している。evaluation of audio quality（EQUAL）はフリー実装の一つであったが，特許侵害により開発中断に追い込まれている[8]。しかし，一部教育研究目的での利用を認められたフリーの実装も存在する。例えば PQevalAudio[9] は McGill 大の TSP 研による実装であり，MATLAB と C を使った実装が公開されている。peaqb[10] は C 言語による実装であり，ソースも公開されているが，すでに開発はベータ段階で中断されているようである。peaqb は実行が非常に低速であるが，精度の高い推定結果を出力することを確認している[11]。どちらの実装も標準に準拠していることを検証するコンフォーマンステストに満足していない，あるいは実施していないため，厳密には標準に準拠していないが，通常の使用においては十分に実用可能である。

（2）**PEMO-Q**[12]　　PEMO-Q は PEAQ の後継として Hubert らによって提案された客観品質推定方法である。PEMO-Q の構成は大まかには PEAQ と同じだが，構成要素，特に聴覚フィルタが大幅に改良されている。また PEAQ がおもに音響符号化の主観音質に適合するように最適化されていたのに対して，PEMO-Q はほかの劣化要因も考慮して最適化されている。これにより音響符号化などの主観音質に対してその推定値が PEAQ よりも高い相関を示すことが報告されている[12]。PEMO-Q は MATLAB ならびに C による実装があり，HörTech 社より販売されている[13]。なお，同社の実装はステレオに対応していないので，ステレオ信号の品質推定には片チャネルの ODG を算出し，両チャネルの ODG のうち低い方を推定値として選択的に利用する必要がある。これは聴覚的にもステレオ信号のうち，音質の悪いチャネルで全体の音質が判断されることにも合致している。また，一般的には PEMO-Q は PEAQ の Advanced Version の 12 倍の計算量を必要とするといわれていることにも注意を要する。

このほか，最近では広帯域音声・音響品質推定を目的として ITU-T P.863（perceptual objective listening quality assessment, **POLQA**）も標準化され，音響信号の客観品質推定にも応用することが可能であるとされる[14]。しかしこの標準は音声信号を主対象とすること，ならびにこの標準に関する特許は Opticom 社をはじめ数社が独占しており，その利用が厳しく制限されていることから，ここでは扱わないこととする。

〔3〕 各種応用に必要な音質

音響情報ハイディング技術を適用した標本に求められる音質は，応用によって大きく異なる可能性がある。例えば CD 音源に著作権保護のために適用される場合，ほとんど原音との差が知覚できないことが求められる。主観音質でいえば，MUSHRA により求めたスコアは 80 以上，客観音質では ODG は −1 以上の値が求められると考えられる。

一方，例えばディジタルサイネージ（digital signage）に付随する音楽にメタデータ（metadata）を埋め込んだり[15]，カラオケに歌詞データを埋め込む[16]ことを前提とする場合，周囲環境音が大きい中でラウドスピーカを用いて再生されるため，あまり高い音質を追求しても意味がない。むしろアナログ再生されることによる音質劣化への頑健性に対する要求が高くなるので，電子透かしの埋め込みは音質を多少犠牲にしても頑健性が優先されることが多い。

以上は音質に対する要求が異なる両極端な例である。最近の応用は音楽信号に付加情報をハイディングすることが多くなっている。例えば松岡は楽曲にそのアーティストに関するウェブサイトの URL を埋め込むことを試みている[17]。伊藤らはパケットによるストリーミング用音楽コンテンツに対して付加情報を埋め込んでおき，受信側でパケット伝送中欠落した区間を欠落部より前のパケットから検出した付加情報を用いて，高品質で再現することを試みている[18]。これらの応用では上記 2 例の中間に位置すると見なしてよいだろう。よって要求される音質もある程度検知できる劣化は許されるが，音楽としての価値は十分保たれることが必要と考えられる。

〔4〕 音響情報ハイディング技術の音質評価例

2章で述べた LSB 法，4章で述べたエコー法，ならびに**スペクトル拡散法**（spread spectrum method）[19] でデータを埋め込んだサンプルの音質評価を試みた。スペクトル拡散法は埋め込むデータを M 系列信号などの擬似乱数列を用いて，広い周波数帯域に拡散してからホスト信号に加算して埋め込む方法である。

どの方法も埋め込み強度を一定範囲で変化させて，音質を変化させた。評価音源としては前述の SQAM と RWC 研究用音楽データベースより 10 曲を選んで用いた。主観音質は ITU-R BS.1534-1（MUSHRA 法）を用いて 100 点満点で評価した。また，同音源に対し，PEAQ と PEMO-Q を用いて音質推定を試みた。図 **5.2** に PEAQ 法で算出した ODG と主観音質，図 **5.3** に PEMO-Q で得た ODG と主観音質の分布を示す。このようにどちらの客観音質推定方法でも大まかには主観音質と対応した推定値が得られるが，PEAQ 法では特にエコー法の主観音質を推定できないことがわかる。一方，PEMO-Q 法ではどのハイディング技術に対してもほぼ直線上に ODG が分布し，主観音質をきわめてよく推定できていることがわかる。実際，PEAQ 法による ODG と主観音質間の Pearson 積率相関係数は 0.744 であるのに対し，PEMO-Q 法による ODG は 0.897 と高い相関値を示す。

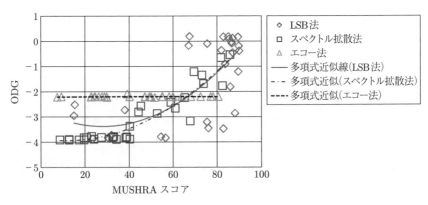

図 **5.2**　主観音質と PEAQ 法による ODG の分布

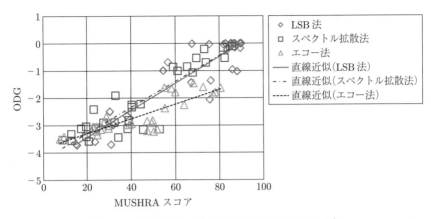

図 **5.3** 主観音質と PEMO-Q 法による ODG の分布

5.2.3 外乱に対する頑健性の評価方法

実際の応用において遭遇するさまざまな外乱が加わっても，音響情報ハイディング技術を用いて埋め込んだデータは一定の水準で検出できることが求められる。この外乱の中には，ホスト信号の通常の符号化，伝送，蓄積時に加わる外乱もあるが，埋め込まれたデータを検出できないように悪意を持って加えられる意図的な攻撃もある。いずれの攻撃に対しても，一般的には以下で示す埋め込まれたデータの BER でその頑健性を評価する。

$$\mathrm{BER} = \frac{\text{誤って検出されたデータビット数}}{\text{全検出データビット数}} \times 100\% \qquad (5.1)$$

なお，ホスト信号の性質に応じてデータハイディングを行う箇所を適応的に制御する**可変レート音響情報ハイディング技術**（variable-rate audio information hiding technlology）も存在する。この場合，検出データに挿入と脱落が存在するので，これも考慮して BER を評価する必要がある。

また，攻撃を加えることによって，ディジタルコンテンツの劣化が大きすぎると，コンテンツそのものの価値が失われてしまう。例えば，音楽信号に攻撃を加えることによって，著作権保護を目的とした電子透かしは検出できなくなるが，攻撃による劣化が大きすぎて音楽コンテンツとしての価値がなくなることが考えられる。これでは攻撃の目的そのものが達成されたことにならない。

このように，頑健性の評価においては，攻撃後の音楽コンテンツの価値がまったく失われることにならない範囲の攻撃を加える必要がある。

〔1〕　音響情報ハイディングされたデータに対する外乱

一般的に，あらゆるハイディング技術に対して評価されるべき**基本的な頑健性テスト**（basic robustness test）と，特殊な用途のハイディング技術に対して評価すべき**高度頑健性テスト**（advanced robustness test）に分類される。

（1）**基本頑健性テスト**　　基本頑健性テストは意図しない外乱も含めて通常見られる劣化を対象信号に加える。広範囲な種類の攻撃が考えられるが，頻繁に用いられるものをここで挙げる。

①　**雑 音 加 算**（WGN）　　通常白色ガウス雑音を加算する。音楽信号に対する攻撃では音楽コンテンツの価値が失われない SNR が 20〜40 dB 程度となるように加算される。

②　**リサンプリング**（RSM）　　通常 44.1 kHz（CD 音源）の標本化周波数の信号を半分の 22.05，ないしは 1/4 の 11.025 kHz にダウンサンプリングして，元の周波数に戻す。ダウンサンプリングではエイリアシングを避けるため低域通過フィルタを通してからダウンサンプリングを行うので，このフィルタの影響が大きい。また整数比ではないダウンサンプリング，例えば 16 kHz へのリサンプリングも評価することがあるが，この場合は整数比のリサンプリングより影響が大きい。

③　**再 量 子 化**（RQZ）　　通常 16 bit/sample の量子化レベルを 12，あるいは 8 bit で量子化する。量子化ステップが大きくなり，量子化雑音が発生する。

④　**振幅のスケーリング**（ASC）　　一定量で信号振幅のスケーリング，すなわち増幅あるいは減衰を行う。例えば ±10，±20% のスケーリングがよく用いられる。この場合，正は増幅，負は減衰を与えることに相当する。

⑤　**フィルタリング**（FTR）　　通常低域通過フィルタが攻撃として適用される。例えば 4, 6, あるいは 8 kHz のカットオフのフィルタが用いられる。高域通過フィルタは通常音質への影響が大きいため，カットオフ周波数を非常に低い周波数に設定することが多い。また低域強調などのイコライザもフィルタ

攻撃の一種として扱う。

⑥ **エコー加算（ECH）**　エコーを信号に加算する。通常 100 ないしは 200 ms 程度の遅延，振幅が原音の 20 ないしは 30%程度のエコーを用いる。残響の適用も一種のエコー加算攻撃である。

⑦ **非可逆符号化（LCP）**　MP3 あるいは AAC 符号化を適用し，復号する。通常 48，64，96，あるいは 128 kbps の符号化レートを用いる。

基本頑健性テストに必要となる信号の劣化は，Adobe Audition[20] や Audacity[21] などの波形編集ソフトを用いて与えることができる。

（2）高度頑健性テスト　高度頑健性テストは，基本頑健性テスト以上に意図的で，積極的な攻撃に対する頑健性を評価するため行われる。

① **非同期化**　多くの音響情報ハイディング技術がフレーム単位で処理を行うので，このフレーム位置が同期していないとデータを検出できない場合が多い。これを狙った攻撃を非同期化攻撃と呼ぶ。非同期化を狙った攻撃は以下に挙げるように複数種存在する。

- クロッピング（CRP）：無作為に，例えば 25 ms 長の標本を任意の位置で削除する。通常所定の複数の区間を削除する。

- ジッタ（JTR）：各フレーム内から一定数の区間を削除する。例えば 20 ms のフレームごとに任意の位置から 0.1～0.2 ms の区間を削除する。クロッピングに比べて均等に標本が削除される。

- ゼロ補間（ZI）：無作為に複数の位置で所定長の振幅 0 の無音に相当する標本を挿入する。例えば 25 ms 長の無音を無作為に複数回挿入する。

- ピッチ不変時間スケーリング（TSC）：ピッチを保存したまま時間長を ±4～±10% 程度変更する。この場合，正のスケーリングは伸長，負のスケーリングは短縮を意味する。

- 時間不変ピッチスケーリング（PSC）：時間長を保ったままピッチを ±4～±10% 程度変更する。この場合，正のスケーリングは高いピッチ，負のスケーリングは低いピッチへの変更を意味する。

- スピードスケーリング（SPS）：これはアップサンプリングを行い，その

まま元の標本化周波数で再生することで実現する。時間長もピッチも同時に変化する。例えば2倍のスピードスケーリングを行うには2倍，つまり88.2 kHz へアップサンプリングを行い，これを元の44.1 kHz で再生すればよく，時間長は2倍，ピッチ周期は半分になる。遅回し再生に相当する。

そのほかの高度攻撃として以下が挙げられる。

② **サンプル置換**（RPM）　　一般的に音楽コンテンツには，同曲中に類似したセグメントが複数含まれる。よって聴覚的に類似したセグメントをほかのセグメントに置き換えることで，音質にはそれほど影響なく埋め込まれたデータの検出を困難にすることができる。

③ **A–D・D–A 変換**（ADDA）　　サウンドカードでD–A 変換した信号をそのままアナログ入力に結線してA–D 変換を行う。アナログ信号に変換はされるが，音響変換は伴わない。サウンドカードのアナログ回路特性の影響を受ける。D–A 変換後のアナログ信号をスピーカから再生してマイクで録音のうえA–D 変換することもできるが，この場合電気音響変換のひずみを含むうえ，周囲音響雑音も加算され，きわめて非線形性の強い外乱を受ける。

④ **結 託 攻 撃**（COLL）　　同一のホスト信号に対し異なるデータを埋め込んだ複数の標本を集め，その平均をとることで埋め込まれたデータのエネルギーを減衰させて検出困難にすることができる。例えばコンテンツを配布したユーザ ID を透かしとして埋め込んだ場合が考えられる。特に時間領域での加算型のデータハイディング技術に対して有効な攻撃とされる。

TSC や PSC も Audacity や Audition を使って適用することができるが，point interval controlled overlap and add（PICOLA）[22] などの専用ソフトウェアも存在する。

〔2〕 **stirmark benchmark for audio（SMBA）**

SMBA は音響ハイディング技術の頑健性を評価するためのツールを集めたものである[23], [24]。画像用の Stirmark Benchmark[25] から派生したツールであり，性格は同じものとなっている。SMBA には前節で定義した攻撃の大多数

が含まれたうえ，さらに多くの攻撃が定義されており，合わせて 43 種類の攻撃から構成される。音響ハイディング技術を適用した音響信号に対し各攻撃を加えたうえで，埋め込まれたデータの検出を試み，その BER を評価する設計となっている。攻撃の強度はパラメータを変更することで調整することが可能となっている。

残念ながら SMBA の開発は中止されたようであり，配布も現在は行っていないようである。しかしながら作者の A. Lang 氏に連絡して音響データハイディング技術を適用したファイルを送ると一連の攻撃を適用して返送してくれるようである。

いずれにせよ，このような統一的な攻撃ベンチマーク構築の試みはその後見られないが，共通した攻撃耐性評価の手段は必要である。今後最新の技術を導入した標準ベンチマークの構築が望まれる。

〔3〕 各種応用に必要な頑健性

音響情報ハイディング技術に必要とされる頑健性は，用途によって大きく異なる。一般的に頑健性を向上させるために埋め込み強度を上げると音質は劣化するので，用途に必要とされる音質を満足させる範囲で頑健性を最適化する必要がある。

音楽コンテンツに著作権情報を埋め込む用途では，基本頑健性テストに挙げられている攻撃に対しても検出可能であることが求められる。ただし音楽コンテンツとしての価値がなくなるほど大きな劣化を伴う攻撃に対しては頑健である必要はない。

一方，例えばディジタルサイネージで再生されている音楽にメタデータとして音響情報ハイディング技術を利用する場合は，基本頑健性テストに挙げられている攻撃に加え，A–D・D–A 攻撃を含む高度頑健性テストに含まれる大きな劣化を伴う攻撃に対しても頑健であることが求められる。これは，アナログ音響信号に変換された信号からマイク収録，および A–D 変換してもメタデータを検出する必要があるためである。このとき相当量の周囲騒音も含まれることも考慮する必要がある。このようにチャレンジングな環境で頑健性が求められ

る場合は，通常相当量のエラー訂正符号など冗長性を導入して，頑健性を向上する方法がとられる。

〔4〕 音響情報ハイディング技術の頑健性評価例

　以下，文献に報告されている頑健性テストの結果の例を**表 5.3** に示す[26]。この表に含まれる音響ハイディング技術は，いずれも比較的単純なものであり，すでに標準的に用いられているものである。音源としては，ボーカルや楽器音など計 13 音源は SQAM[2] から選び，そのほか各ジャンルの楽曲を 4 種類ほど用いている。しかし，細かい試験条件は異なるため，一概に結果を比較することは困難である。よってあくまで参考として挙げておくことにする。また PEAQ を用いた ODG も合わせて示す。

表 5.3　耐性攻撃評価例[26]

ハイディング技術	パラメータ	ODG	攻撃に対する BER〔%〕				
			WGN	FTR	LCP	RSM	ECH
位相変調[27]	フレーム長 2048	-2.53	29.03 SNR 36 dB	37.44 LPF 8 kHz	21.02 MP3 96 kbps	-	-
スペクトル拡散	フレーム長 2048 強度 0.02	-2.53	4.71 SNR 30 dB	11.76 LPF 8 kHz	0.00 MP3 96 kbps	34.12 22.05 kHz	10.59 100 ms, 30%
ウェーブレット[28]	フレーム長 2048 強度 0.01	-0.48	19.05 SNR 3 dB	18.65 LPF 8 kHz	19.05 MP3 96 kbps	18.25 22.05 kHz	21.63 200 ms, 30%
エコー法	フレーム長 4096 強度 0.2	-2.20	35.86 SNR 30 dB	28.29 LPF 8 kHz	26.69 MP3 96 kbps	24.70 22.05 kHz	28.69 200 ms, 30%
ヒストグラム法[29]	埋め込み範囲 $\lambda = 2.2$ 強度 1.2	-2.17	5.00 SNR 30 dB	5.00 LPF 8 kHz	0.00 MP3 96 kbps	0.00 22.05 kHz	25.00 200 ms, 30%

　この表からもわかるように，すべての攻撃に対して十分な頑健性を示す技術は含まれていない。また，音質においても**ウェーブレット**（wavelet）法を除いては十分とはいえない。しかし，最近提案されている技術の中には，音質，頑健性とも十分実用的なものもある。例えば Digimarc 社は wav や mp3 などの音楽ファイルに対応した電子透かしを製品化している[30]。また大日本印刷は，ディジタルサイネージなどでラウドスピーカから再生される音響信号にも十分応用できる頑健性を実現した電子透かし，QUEMA for Smartphone を提供している[15]。

5.2.4 埋め込みデータのビットレート

音響情報ハイディング技術に必要とされるペイロードは，やはり用途によって大きく異なる。前述のようにペイロードは頑健性や音質との関係にあるので，そのバランスをとってペイロードを最適化する必要がある。最近提案されている音響情報ハイディング技術の中には，ほとんど音質劣化が生じないにもかかわらず数百 bps 以上のビットレートでデータ埋め込み可能なものもある。

以下，用途別に必要なビットレートの例を挙げる。

（**1**）**著作権情報と保護**　　著作権保護のため著作者の情報や配布先の ID を埋め込むのに必要なビットレートはそれほど高い必要はなく，2～4 bps 程度で十分とされている[31]。ただし頑健性が必要とされるため，頑強性向上のためエラー訂正符号などを加えて，これより数割程度ビットレートが増加することもある。一般的に，著作権情報は繰り返してホスト信号に埋め込まれることが多い。

（**2**）**メタデータおよびステガノグラフィ**　　一般的にメタデータなどとしてデータを埋め込む場合は著作権情報より高いビットレートが求められ，数十～数百 bps は必要となる。ただし応用により必要ビットレートは大きく異なる。例えば楽曲関連ウェブサイトの URL などを埋め込む程度[17]であれば，必要ビットレートは著作権情報と大きく変わることはない。しかしカラオケの歌詞表示タイミング情報を埋め込む場合は，10 bps 以上のビットレートが必要である[16]。

5.3　音響情報ハイディング技術のコンペティション

現在までに，統一した基準で各種の音響ハイディング技術の性能を比較しようとするコンペティションが行われてきている。ここではその代表的なものを紹介する。

5.3.1　Secure Digital Music Initiative（SDMI）

SDMI はディジタル音楽コンテンツの違法コピーを防止するために設けられたコンソーシアムである[32]。おもにディジタル音楽コンテンツの違法流出を防

ぐための仕組み，具体的には電子透かしを利用した方法と，そのハードウェア
とその仕様の開発を目指した。

1999 年に SDMI は，まず携帯音楽プレイヤーの音楽コンテンツ著作権保護に
必要な仕様を定義し公開した[33]。ついで 2000 年 9 月には **SDMI チャレンジ**
（SDMI Challenge）を発表した[34]。具体的な技術内容を明かさずに，SDMI で
開発した電子透かしを利用できないように攻撃することを呼びかけた。期間は
同年 9 月 15 日～10 月 8 日の 3 週間に限定し，6 分類のチャレンジを提議した。

そのうちの四つでは電子透かしを埋め込んだ音楽コンテンツと埋め込んでい
ないコンテンツを提供し，同じ方法で電子透かしを埋め込んだ別のサンプルの
透かしを検出不能とすることが求められた。

残りの 2 分類は電子透かしに関するものではなく，リッピングや CD 単位の
複製を防ぐものであった。

米国プリンストン大学のグループなど，複数の機関で電子透かしを検出不能
とすることに成功したとの報告がある[32]。しかしこの論文の公表にあたっては，
SDMI チャレンジへの参加規約に反するとして，SDMI などが訴訟を起こして
反対したが，最終的には公表することに至った。

現在では SDMI 自体は失敗に終わったとされている。じつは 1999 年にはす
でに SDMI の終焉が Web 上で提議されている[35]。これに対し，SDMI を監督
する Leonardo Chiariglione 氏が反論を試みたが，早くも 2001 年にはその座
を明け渡すことになる。SDMI の失敗にはいくつかの説があるが，技術が未熟
で違法コピーを有効に防ぐ見通しが立たなかったこと，SDMI に準拠するハー
ドウェアの負担をだれがするかについて，特に装置メーカと音楽業界の間で合
意がとれなかったことなどが挙げられている。SDMI は 2001 年以降活動を停
止している。

5.3.2 STEP2000/STEP2001

日本音楽著作権協会（JASRAC）は国際的な著作権管理団体である
International Confederation of Societies of Artists and

Composers（CISAC）と Bureau des Sociétés Gérant les Droits D'Enregistrement et de Reproduction Mécanique（BIEM）とともに，**野村総合研究所**（NRI）に事務局，ならびに業務委託し，著作権管理目的で利用できる電子透かし技術の選定と認定を目的として大規模な評価作業を行った。このプロジェクトは **STEP2000**，**STEP2001** と名付けられた。2000 年 10 月に結果が公表された STEP2000 では提案技術の評価と認定を主として行い，翌年実施され結果が同年 10 月に公表された STEP2001 では国際ガイドラインの設立を目指して対象範囲を拡大した評価と認定を行った。

　評価はおもに以下の 2 点を主眼として行われた。

（**1**）**音　　質**　透かしデータを挿入してもそれが認知できないことが求められた。そのための音質評価は ABX 法で行われた。ABX 法では，聴取者が透かしが挿入されていることがわかっている標本 A と，挿入されていないことがわかっている標本 B を聴取したうえで，挿入しているかどうか明らかでない標本 X を聴取して，これが標本 A か B かを判定する。これを 5 回繰り返した。評価音源としてはジャンルの異なる 5 曲を用いた。

（**2**）**耐　　性**　音楽利用のためのさまざまな処理を施しても挿入したデータが検出できることが求められた。耐性の評価には**表 5.4** に示す各項目が

表 5.4　STEP2000 の耐性テスト項目

No.	テスト項目	処理内容
1	A–D・D–A 変換	ディジタル → アナログ → ディジタル変換
2	チャネル数変換	ステレオ → モノラル変換
3	ダウンサンプリング	44.1 kHz→16 kHz 変換
4	振幅圧縮	16 bit/sample→8 bit/sample 変換
5	時間およびピッチ圧縮・伸長	時間軸圧縮・伸張：±10% ピッチシフト圧縮・伸長：±10%
6	線形データ圧縮	MPEG1 Layer 3 (MP3)：128 kbps MPEG2 AAC：128 kbps ATRAC：Version 4.5 ATRAC 3：105 kbps Real Audio：ISDN Windows Media Audio：ISDN
7	非線形データ圧縮	FM（FM 多重放送，地上波 TV 放送） AM（AM 放送） PCM（衛星 TV 放送：CS，BS）

表 **5.4** STEP2000 の耐性テスト項目（つづき）

No.	テスト項目	処理内容
8	周波数応答特性変換	FM（FM 多重放送，地上波 TV 放送） AM（AM 放送） PCM（衛星 TV 放送：CS，BS）
9	雑音付加	白色雑音，SNR −40 dB

実施された。音源としてはジャンルの異なる 5 曲が用いられた。

STEP2001 の結果，著作権管理に利用可能な技術を実現できる企業として IBM と Verance（米国）が，また技術水準のクリアが見込まれる企業としてエム研（日本）と MarkAny（韓国）が認定された。

5.3.3 Information Hiding and its Criteria for evaluation（IHC）

IHC は電子情報通信学会の第 2 種研究会，「情報ハイディング及びその評価基準研究会」[36] を母体として，ハイディング技術の向上を目的として運営されてきた。本研究会は学術的な観点からハイディングアルゴリズムの公開を前提としてきた。

この研究会ではおもに以下を実施してきた。

① 　評価基準の策定・改良および公開

② 　策定された評価基準を超える情報ハイディング方式の公募

③ 　提案された方式の評価基準に則った評価，および基準方式の決定

④ 　基準方式に対する攻撃・評価基準の問題点に関する研究の募集

⑤ 　提案された攻撃・問題点の評価

評価の対象としてまず EBU で提供されている SQAM[2] の CD より各ジャンルの 20 曲（後に 8 曲に絞られた）を定めた。いずれも CD 音源で，サンプリング周波数 44.1 kHz，16 bit/sample でステレオであり，各曲から 60 s の指定区間を用いる。これらの曲にペイロードとして指定されたデータ 360 bit を埋め込む。

評価としては音質と耐性が対象となる。音質の評価は客観的手法を用いることが定められ，PEAQ[7] を用いることとし，特に McGill 大で公開されている

PQevalAudio v2r0[37] の使用が指定された。データを埋め込んだ信号に対し
PEAQ の推定音質出力である ODG が −2.5 以上であることなどが基準となる。

攻撃耐性としては**表 5.5** に定めた項目が指定されている。MP3 符号化と A–
D・D–A 模擬攻撃が必須，そのほかの攻撃の中から 2014 年の評価では 3 種類，
2015 年の評価では 4 種類選択することになっている。これらの攻撃を加えても
いずれのホスト信号においても BER が 10% 以下となることが基準となってい
る。検出には原音を用いることはできない。

表 5.5 IHC の耐性テスト項目

No.	テスト項目	処理内容
1	MP3 符号化	MPEG1 Layer 3, 128 kbps (joint stereo)
2	A–D・D–A 模擬攻撃	雑音加算，振幅スケーリング， 時間・ピッチ圧縮伸長
3	雑音付加	白色雑音，SNR 36 dB
4	バンドパスフィルタ	100 Hz〜6k Hz, −12 dB/oct.
5	時間不変ピッチ変換	±4%
6	スピード（ピッチおよび時間）変換	±10%
7	遅延音付加	100 ms, −6 dB
8	MPEG4 AAC	96 kbps (HE Profile)
9	MP3 タンデム符号化	128 kbps (JS) の符号化・復号繰り返し

2012 年に第一回のコンテスト[38] が実施されて以来，ほぼ毎年 1 回のペース
で開催されている。第一回，第二回は国内で公募が行われ，その結果は国内学
会 FIT のスペシャルセッションで発表されている。第三回，第四回は国際的な
公募が行われ，その結果は第三回は International Workshop on Information
Hiding and its Criteria (IWIHC) で，また第四回は International Workshop
on Digital-forensics and Watermarking (IWDW) の各国際学会にて行われ
た。それぞれの会において評価基準を満たした応募が公開され，表彰された。
また応募の技術的内容も同学会で発表された。今後もこのコンテストは継続さ
れる予定である。

引用・参考文献

1) EBU：Sound quality assessment material: Recordings for subjective tests -

User's handbook for the EBU-SQAM Compact Disc, Tech. 3253-E (1988)

2) EBU：Sound Quality Assessment Material recordings for subjective tests https://tech.ebu.ch/publications/sqamcd（2017 年 10 月現在）

3) 後藤真孝：RWC 研究用音楽データベース https://staff.aist.go.jp/m.goto/RWC-MDB/index-j.html（2017 年 10 月現在）

4) 後藤真孝，橋口博樹，西村拓一，岡　隆一：RWC 研究用音楽データベース：研究目的で利用可能な著作権処理済み楽曲・楽器音データベース，情報学論，**45** (3), pp. 728–738 (2004)

5) ITU：Methods for the subjective assessment of small impairments in audio systems including multichannel sound systems, Recommendation ITU-R BS.1116-1 (1997)

6) ITU：Methods for the subjective assessment of intermediate quality level of coding systems, Recommendation ITU-R BS.1534-1 (2003)

7) ITU：Method for objective measurement of perceived audio quality, Recommendation ITU-R BS.1387-1 (2001)

8) A. Learch：EAQUAL: Utility for comparing quality of encoded audio tracks http://www.mp3-tech.org/programmer/sources/equal.tgz（2002 年現在）

9) P. Kabal：An examination and interpretation of ITU-R BS.1387: Perceptual Evaluation of Audio Quality, McGill Univ. Tech. Rep. http://www-mmsp.ece.mcgill.ca/Documents/Reports/2002/ KabalR2002v2.pdf（2017 年 10 月現在）

10) G. Gottardi：Perceptual evaluation of audio quality http://sourceforge.net/projects/peaqb（2017 年 10 月現在）

11) K. Kondo：On the use of objective quality measures to estimate watermarked audio quality, Proc. Int. Conf. Intell. Inf. Hiding Multimedia Signal Process. (2012)

12) R. Huber and B. Lollmeier：PEMO-Q - A new method for objective audio quality assessment using a model of auditory perception, IEEE Trans. Audio, Speech Lang. Process., **14**, pp. 19020–01911 (2006)

13) HöerTech：PEMO-Q https://www.hoertech.hausdeshoerens-oldenburg.de/web_en/producte/ pemo-q.shtml（2017 年 10 月現在）

14) ITU：Perceptual objective listening quality assessment, Recommendation ITU-P.863 (2011)

15) DNP：多メディアを認識する情報配信サービス QUEMA
http://www.dnp.co.jp/infosol/solution/detail/10097552_18793.html（2017
年 10 月現在）

16) 西村　明，坂本真一：音響データハイディングを用いるスピーカ再生音と同期し
た情報呈示システム，信学論 A, **J93-A** (2), pp. 91–99 (2010)

17) 松岡保静：音響データ通信—音響 OFDM—，音響会誌，**68** (3)，pp. 143–147
(2012)

18) A. Ito, T. Sakai, K. Konno, S. Makino, and M. Suzuki：Packet Loss Conceal-
ment for MDCT-Based Audio Codec Using Correlation-Based Side Infor-
mation, Int. J. Innov. Comput., Inf. Control, **6** (3B), pp. 1347–1361 (2010)

19) L. Boney, A.H. Tewfik, and K.N. Hamdy：Digital watermarks for audio
signals, Proc. Int. Conf. Multimedia Comput. Syst., pp. 473–480 (1996)

20) Adobe Audition
http://www.adobe.com/jp/products/audition.html（2017 年 10 月現在）

21) Audacity：a free audio editor and recorder
http://www.audacityteam.org/（2017 年 10 月現在）

22) 電子情報通信学会 IHC 研究会より配布
http://www.ieice.org/iss/emm/ihc/audio/picola_tdhs2006Nov30.tar.gz
（2017 年 10 月現在）

23) A. Lang：Stirmark for Audio
http://omen.cs.uni-magdeburg.de/alang/smba.php（2017 年 10 月現在）

24) M. Steinebach, F.A.P. Peticolas, F. Raynal, J. Dittmann, C. Fontaine, C.
Seibel, N. Fatès, and L.C. Ferri：StirMark Benchmark: Audio watermark-
ing attacks, Proc. Int. Conf. Inf. Tech.: Coding and Computing (ITCC)
(2001)

25) F. Peticolas：Stirmark Benchmark 4.0
http://www.peticolas.net/watermarking/stirmark/（2017 年 10 月現在）

26) Y. Lin and W.H. Abdullah：Audio Watermark, Springer (2015)

27) M. Arnold, M. Schmucker, and S.D. Wolthusen：Techniques and Applica-
tions of Digital Watermarking and Content Protection, Artech House (2003)

28) W. Li and X.Y. Xue：An audio watermarking technique that is robust
against random cropping, Computer. Music J., **27** (4), pp. 58–68 (2003)

29) S.J. Xiang, J.W. Huang, and R. Yang：Time-scale invariant audio water-
marking based on statistical features in time domain, LNCS **4437**, pp. 93–

108 (2007)

30) Digimarc：Digimarc Discover - Audio Watermarking
http://www2.digimarc.com/l/7182/2013-06-20/l8g75（2017 年 10 月現在）

31) S.J. Xiang and J.W. Huang：Histogram-based audio watermarking against
time-scale modification and cropping attacks, IEEE Trans. Multimed. **9** (7),
pp. 1357–1372 (2007)

32) S.A. Craver, M. Wu, B. Liu, A. Stubblefield, B. Swartzlander, and D.S.
Wallach：Reading Between the Lines: Lessons from the SDMI Challenge,
Proc. 10th USENIX Security Symposium (2001)

33) SDMI：SDMI Portable Device Specification Part 1 Version 1.0 (1999)
http://ntrg.cs.tcd.ie/undergrad/4ba2.01/group10/port_device_spec_part1.
pdf（2017 年 10 月現在）

34) L. Chiariglione：An Open Letter to the Digital Community
https://web.archive.org/web/20020924131633/http://www.sdmi.org/pr/
OL_Sept_6_2000.htm（2000 年現在）

35) E. Scheirer：The End of SDMI
http://web.archive.org/web/20000229055832/www.mp3.com/news/394.
html（2017 年 10 月現在）

36) 情報ハイディング及びその評価基準研究会
http://www.ieice.org/emm/ihc/（2017 年 10 月現在）

37) P. Kabal：The AFsp package
http://www-mmsp.ece.mcgill.ca/documents/Downloads/AFsp（2017 年 10
月現在）

38) 西村　明, 萩原昭夫, 鵜木祐史, 近藤和弘：第 1 回音響電子透かしコンテスト実
施結果とその講評, 信学技報, EA2012-95/EMM2012-77, pp. 81–86 (2012)

音響情報ハイディング技術の拡張応用

　情報ハイディングは，その歴史的な経緯からセキュリティ担保の用途に重きが置かれることが多い。著作権情報や電子署名を秘匿情報としてホスト信号に埋め込むことで，ホスト信号の正規利用が保護される。しかし，情報ハイディングの基本的なシステムモデルでは，埋め込み情報の利用法までを限定するものではなく，むしろホスト音信号の形式を変えずに新たな価値を付加する**エンリッチメント**（enrichment）技術と広く捉えることができる。

　本章では，情報ハイディングをエンリッチメント技術として利用している好例を紹介する。

6.1　低位互換な帯域・チャネル拡張

　ディジタル音響メディアの通信は，その符号化規格や伝送に用いられる通信路により，定められた伝送帯域やチャネル数のもとで行われるのが一般的である。定められた符号化規格や通信路を送受信の双方の機器・ソフトウェアで共通とすることで，送信側の意図した送信信号を受信側で高忠実に再現することが可能となる。ここでは，そのような定められた符号化規格や通信路を用いて伝送することで，本来の伝送帯域・チャネルを担保しつつ，秘匿情報を検出復号できる受信機器・ソフトウェアには本来の伝送帯域・チャネル以上の拡張された信号を伝送できる技術を紹介する。**図 6.1** に本節が対象とする低位互換な帯域・チャネル拡張のイメージを示す。

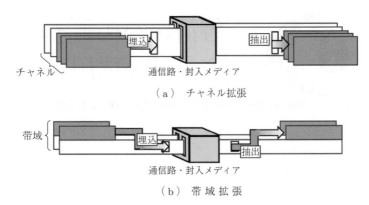

（a） チャネル拡張

（b） 帯 域 拡 張

図 6.1　情報ハイディングによる低位互換な帯域・チャネル拡張

6.1.1　帯 域 拡 張

ディジタル音響メディアにおいて，定められた通信路のもとで伝送帯域をより広帯域化することをここでは**帯域拡張**（band extension）と呼ぶ。電話音声サービスの場合であれば，帯域上限を 3.4 kHz 以上に，音楽 CD メディアであれば，その帯域上限を 22.05 kHz 以上に拡張することに相当する。

送受信の双方でインターネット IP 電話どうしであれば，旧来の電話通信のサンプリング周波数 8 kHz 以上の広帯域音声符号化方式を用いることで，旧来の帯域上限を超えた広帯域での通信が可能であるが，一方が旧来の電話ネットワークに接続されている場合は，音声符号化方式の互換性がなく，広帯域通信の相互接続性が担保されない。そこで，従来の低サンプリング周波数の音声符号化で記録されたデータに，その音声符号化では対応できない，より高周波数帯域成分の符号化データを秘匿することが情報ハイディングの応用として考えられる。通信されるデータはあくまで旧来の音声符号化によるデータであり，秘匿データの埋め込みによる音声劣化はわずかであるため，旧来の電話ネットワーク，受信機器に互換性がある。受信機器に秘匿データを検出し高音声帯域信号を復号する機構を備えれば，旧来の帯域の上限を超えた広帯域での音声通

信が可能となる。

　このような旧来の低周波数帯域音声符号化との通信路互換を保った情報ハイディングによる音声帯域拡張の研究は，既存のさまざまな音声符号化方式それぞれに対応するかたちで行われてきた（ディジタル電話音声[1]，G.711[2]，CELP[3], [4]，AMR[5]，詳細は 3.2 節参照）。だが，現在の音声電話サービスの主流は携帯電話に移行しつつあり，そこでは通信路が 3 G，および LTE（4 G）と広帯域化が進み，通信されるデータの音声符号化方式も AMR-WB など音声通信を行うには十分な広帯域が実現されており，さらにより広い帯域への拡張の需要は低くなりつつあるのが現状である。

　一方，音楽配信においては，インターネットを介したネットワーク配信であれば，音楽 CD の規格化されたサンプリングレート 44.1 kHz を上回る高速なサンプリングレートで記録した信号の配信が可能であり，そこでは帯域上限が 22.05 kHz 以上の広帯域音楽再生が可能である。しかしネットワーク音楽配信での課金・回収システムの不全などから，やはり旧来の音楽封入パッケージメディアである音楽 CD での音楽配信は根強い。

　そこで音楽 CD の規格に従いながら，つまり 44.1 kHz サンプリングのディジタル量子化信号に，その規格以上の帯域成分の信号の符号化データを秘匿情報として埋め込む情報ハイディングの応用が考えられている。一般の音楽 CD 再生機器では従来の帯域上限 22.05 kHz の再生が可能であるとともに，秘匿情報の検出・復号の機構を有した再生機器ではより広帯域の音楽再生が可能となる。20 kHz 以上の帯域が人間の聴感に与える音質に影響を与えるかどうかについては議論があるが，従来の帯域上限を超えた帯域の信号を再生するスピーカなどが混変調歪を生成し[6]，再生時に帯域内の信号に影響を与える効果は考えられる。Meridian 社はこのような従来の帯域上限を超えた帯域を封入した**ハイレゾ（high-resolution）音源**を，CD 規格に埋め込む MQA（master quality authenticated）処理を開発している[7]。MQA では，48〜96 kHz の帯域がすでに暗騒音レベルもしくは量子化ビット数で表しきれないレベル以下にあることに注目し，その帯域のスペクトルを 48 kHz 以下の帯域に重ね，そうして再構成

された 24〜48 kHz 帯域のスペクトルをロスレス圧縮して旧来の 24 kHz 以下の帯域に埋め込む処理を行っているようである。

6.1.2 チャネル拡張

映像 DVD などでは，Front-Left（L），Front-Right（R），Rear-Left（Ls），Rear-Right（Rs），Center（C），Low-Frequency-Effect（LFE）の 5.1 チャネルの音信号が封入されており，五つのスピーカおよび一つのウーファスピーカの 5.1 チャネルサラウンド再生を楽しむことが意図されている。しかしサラウンド再生システムを持たないユーザはこれらの多チャネル信号の合成により得られる左右の再生信号を旧来の 2 チャネルステレオ再生システムもしくはヘッドホンによって聴取することとなる。当然，ここでは元来意図されたサラウンド感は保持されない。

　西村らは，多チャネル合成音のバイノーラル受聴時に元来のサラウンド感を伝達できるように元の 5.1 チャネル音信号を変形再構築する手法を提案している[8]。5.1 チャネルの音信号 $S = [S_L, S_R, S_{Ls}, S_{Rs}, S_C, S_{LFE}]$ をサラウンドスピーカで再生した場合，受聴者の左右の耳に伝達される信号は，各スピーカから受聴者の左右の耳までへの伝達関数 H がそれぞれ畳み込まれたものの合成 $Y = HS$ と考えることができる。ここで

$$Y = \begin{pmatrix} Y_{\mathcal{L}} & Y_{\mathcal{R}} \end{pmatrix}^{\top} \tag{6.1}$$

$$H = \begin{pmatrix} H_{L\to\mathcal{L}} & H_{R\to\mathcal{L}} & H_{Ls\to\mathcal{L}} & H_{Rs\to\mathcal{L}} & H_{C\to\mathcal{L}} & H_{LFE\to\mathcal{L}} \\ H_{L\to\mathcal{R}} & H_{R\to\mathcal{R}} & H_{Ls\to\mathcal{R}} & H_{Rs\to\mathcal{R}} & H_{C\to\mathcal{R}} & H_{LFE\to\mathcal{R}} \end{pmatrix} \tag{6.2}$$

$$S = \begin{pmatrix} S_L & S_R & S_{Ls} & S_{Rs} & S_C & S_{LFE} \end{pmatrix}^{\top} \tag{6.3}$$

であり，$(\cdot)^{\top}$ は転置を表す。

　一方，この 5.1 チャネル信号 S を単純にミキシングしてヘッドホンに提示する場合，左耳には $S_L + S_{Ls} + 1/\sqrt{2}(S_C + S_{LFE})$，右耳に $S_R + S_{Rs} + 1/\sqrt{2}(S_C +$

S_{LFE}) が提示される。つまり式 (6.4) に示す一定の行列 Q で 5.1 チャネル信号を写像した $Y' = QS$ が提示されることとなる。

$$Q = \begin{pmatrix} 1 & 0 & 1 & 0 & \frac{1}{\sqrt{2}} & \frac{1}{\sqrt{2}} \\ 0 & 1 & 0 & 1 & \frac{1}{\sqrt{2}} & \frac{1}{\sqrt{2}} \end{pmatrix} \tag{6.4}$$

本方式では Q で写像したときに，Y となり，元のサラウンド信号 S との誤差が最小となるように新たな 5.1 チャネルサラウンド信号 S' を $Q,\ S,\ Y$ から生成する手法を開発している。具体的には，以下の最適化問題を解く。

$$\hat{S}' = \arg\min_{S'}(S' - \alpha S)^* P^{-1}(S' - \alpha S) \text{ subject to } QS' - Y = 0 \tag{6.5}$$

$$P = \text{diag}\left(|S_L|^2 \dots |S_{LFE}|^2\right) \tag{6.6}$$

ここで $(\cdot)^*$ は複素共役転置，$\text{diag}(\cdot)$ は対角行列化，α は定数である。これを解くと

$$\hat{S}' = \alpha S - PQ^\top \left(QPQ^\top\right)^{-1} (\alpha QS - Y) \tag{6.7}$$

が求められる。

この再構成されたサラウンド信号 S' は，再生側で 5.1 チャネルからヘッドホンに与えられる 2 チャネルへのミキシングが行われる場合には，元来の理想的な立体音（5.1 チャネルサラウンドスピーカで受聴する音信号 Y）と完全に一致する音がヘッドホンに提示される。また，再構築された 5.1 チャネル信号のサラウンド再生の聴取実験では，元の 5.1 チャネル音信号のサラウンド受聴時に比べ，原信号の信号区間によっては音質劣化が知覚されているものの，おおむね劣化が少ないことが報告されている。つまり，再構成された多チャネル信号 S' は，元の多チャネル信号 S にヘッドホン受聴を志向した付加情報（ヘッドホン受聴時に 5.1 チャネルサラウンドスピーカ受聴時とまったく同じ信号を補償する成分）が秘匿されて埋め込まれている。多チャネルサラウンドスピー

カ，およびヘッドホン受聴の双方でサラウンド感を再現できるような付加価値を加える情報ハイディング技術の利用法として捉えることができる。

6.2　空間伝搬音によるディジタル情報伝送

　屋外で空気中を伝搬する音信号を用いてなんらかのディジタル情報を伝送する技術は古くから存在する。可聴帯域の音響信号に限れば，ファクシミリやコンピュータ通信におけるボイスモデムなどの音響モデムは，ディジタル情報をあらかじめ定めた音響信号によって表現（符号化）して伝送し，受信した音響信号からディジタル情報を検出する。伝搬される音響信号は明らかに自然性のない音ではあるが，音の伝わる範囲内にディジタル情報をきわめて少ない誤りで伝送する強固な手段となっている。

　一方，音響信号への情報ハイディングにおいては，これまで概観したように，生成されるステゴ信号にホスト音信号からの聴感上の劣化がないことを求めているのが一般的であるが，自然性を失わない程度の劣化を許容する立場に立つことで，音響モデムに代わる空間伝搬音によるディジタル情報伝送手段となりうる。ここでは，空間伝搬を志向した情報ハイディング手法を概観する。

6.2.1　空間伝搬耐性の最適化

　空間伝搬を介した音響情報ハイディングにおいては，秘匿情報の検出が以下の妨害要因に対して頑健であることが，埋め込み処理前後の聴感品質の維持などの性能よりも重要とされる。

①　音信号再生機器に起因する高調波ひずみや混変調ひずみ

②　室内や構造物に起因する反射音や残響音

③　背景雑音

④　送信元のスピーカや受信側のマイクロホンの周波数特性や指向特性に起因する伝達特性の変化

⑤　再生装置の D–A 変換器機と受音装置の A–D 変換器とのサンプリング周

波数のわずかな差異，再生装置または受音装置の移動によるドプラ効果に基づ
く周波数偏移

　前章までに概観してきたさまざまな音響情報ハイディングの手法は，埋め込
み時の秘匿パラメータの調整により，空間伝搬耐性をある程度向上させること
が可能である。しかし，通常の室内鑑賞，ヘッドホン鑑賞における情報ハイ
ディングの利用では，ステゴ信号のスピーカ再生–マイクロホン受音信号からの
秘匿情報検出までを必要としないため，D–A・A–D 処理に対する耐性を担保す
る程度の開発や評価にとどまっている研究が多い。

　西村は自らの開発した，振幅変調に基づく音響情報秘匿技術に対して，空間
伝搬耐性を高めたパラメータ設定を行い，シミュレーションによって性能評価
を行っている[9]~[11]。本方式では，情報埋め込みを行う周波数帯域を細かく分
け，別途用意した秘密鍵に基づいて帯域をグループ化し，グループごとに秘匿
情報を埋め込む。各グループは隣接帯域二つで構成されるペアを三つ以上含み，
そのうち一つのペアにはそれぞれ逆位相の正弦波振幅変調を与える（このペア
に与える変調をパイロットとする）。残りのペア群には秘匿情報に基づいたパイ
ロット変調との変調位相差で，それぞれ逆位相の振幅変調を与える。一定時間
フレームごとに振幅変調の変調初期位相を反転させることで，検出時に最適な
反転時刻の推定から埋め込み時とのフレーム同期が可能となる。振幅変調を 1
~10 Hz 程度にゆるやかにすることで，残響や反射音への耐性を高めることが
可能であり，エラー訂正なしで 48 bps の秘匿データを 6 kHz 以下の帯域に秘匿
した場合，残響 1.3 秒かつ環境雑音下（SNR 10 dB）におけるシミュレーショ
ンで平均エラー率が 10%を下回ると報告されている。

　空間伝搬条件に特化した音響情報ハイディングの研究としては，茂出木の研
究[12]~[14] が挙げられる。本方式では，2 チャネルを前提として信号の低周波数
成分について片チャネルごとに秘匿情報に基づいた強度変調を与えている。秘
匿情報の検出には，収音したチャネル間の強度差，もしくは選択収音した一方
のチャネルでの強度の偏りを検知する必要があるが，このような条件が達成で
きる環境では，10~80 bps 程度の秘匿情報を埋め込み，検出が可能であると報

告されている。

6.2.2　ステガノグラフィック音響モデム

旧来の音響モデムは，明らかに自然性のない音が伝播され，人間には心地よいとはいえないうえ，人間にはなんの情報も与えられない。そこで人間にとって不快とならない自然性のある音によって音響モデムを構成するいわば**ステガノグラフィック音響モデム**（steganographical acoustic modem）が提案されている。

Lopes らは，人間にとって不快とならないような自然性のある音による音響モデムを複数提案している[15]。本方式では，既存の環境音や疑似音楽信号によって音響モデムを構成し，比較的静かな事務室の環境で 800 bps 程度と多量の秘匿情報の伝送をほぼエラーなしに可能であると報告されている。

また，Munekata らはホワイトノイズにエコー拡散法を適用した疑似ホワイトノイズを構成し，校舎内の廊下における空間伝搬の実環境実験を行っており，4 bps の秘匿情報の復号が可能であると報告している[16]。

西村らは，基本周波数がクロマチック音階に従った複合音を用いて音響モデムを提案している[17]。携帯端末を用いた復号を容易にするため CELP 系音声符号化におけるピッチ検出アルゴリズムを利用している。計算機シミュレーションにおいては，0.6 秒の残響下，SNR 5 dB の環境騒音下で 32 bps で伝送する情報を平均エラー率 10% 以下で検出可能と報告している。

薗田らは，救急車サイレンにおけるディジタル情報伝送手法を提案した[18]。救急車サイレンは 900 Hz および 700 Hz の純音を 0.5 秒ごとに交互に発音されるのが一般的である。このサイレンの構成音に埋め込みビット 0，1 に対応した倍音を加えることで，ディジタル情報をサイレンと同時に伝えることができる。移動する車両から受信されるサイレン音はドプラ効果の影響を受けたものとなるが，基音と埋め込んだ倍音との周波数比は保存されるため受信時に問題なく検出可能である。

6.2.3 音響モデムとのハイブリッド

ホスト音響信号の一部の帯域（聴感上目立たない高周波帯域など）を情報伝達用の音響モデム帯域に入れ替えるハイブリッド方式も考えられる。代表的な技術は，6.4～8 kHz 帯域を，音響モデム信号である OFDM（orthogonal frequency division multiplexing）信号音と入れ替える**音響 OFDM**（acoustic OFDM）[19), 20)] である。OFDM 信号は，元の帯域音響信号のパワースペクトル包絡を保つように生成され，音質劣化を抑える工夫がされている。この条件下でエラー訂正符号を用いて 300 bps の情報を伝送できるとしている。また，18 kHz 以上の帯域に音響モデム信号であるスペクトラム拡散信号を加算付加する方式が 2011 年頃より実用化されている[21)]。伝送レートは最大 80 bps 程度としている。地上ディジタル放送の MPEG2AAC 256 kbps 圧縮符号化・復号を経てスピーカ再生された後でも，スマートホンなどでの情報検出が可能であるとしている。

6.2.4 サイバー・フィジカル連携技術として

音響モデムは，画像ではバーコードや 2 次元バーコード（QR コードなど）に代表される技術に対応する。バーコード画像についても近年はそれを掲載する背景のデザイン画像へ秘匿する技術，または明らかに符号とわかる無骨な符号画像ではなくデザイン性や自然性のある符号画像などが提案されており，これらは前節までに紹介した空間伝搬耐性のある音響情報ハイディングやステガノグラフィック音響モデムに対応する。2 次元バーコードは，URL アドレス程度の長さの文字列の情報量を表現できるため，スキャナあるいはディジタルカメラと復号ソフトウェアを持つユーザに簡便に URL アドレスの文字列を開示することができ，ユーザをインターネットに誘導する手立てに使われることが多い。このような実空間（オフライン）のマルチメディアからインターネット（オンライン）に誘導する広告宣伝は，O2O（offline-to-online）や Omni Channel などと呼ばれ，近年盛んに用いられている。

音響モデムや情報秘匿技術により，音信号による O2O, Omni Channel への

応用も拡大している。CM などの音声トラックに商品に関するウェブサイトの URL などを秘匿しておくことで，携帯端末から URL へアクセスできる。大日本印刷の QUEMA (quick and easy media access, キューマ)[22] や, Digimarc 社の Digimarc Barcode for Audio[23] は，ディジタルサイネージや店内放送，CM 放送などで流れる音に Web サイトアドレス情報を埋め込み，スマートホン上にインストールした専用アプリケーションによって検出した Web サイトへ誘導するサービスを行っている。

　URL 以外に，位置情報（ビーコン），時刻同期情報も秘匿情報として有効である。GPS による位置情報配信は地下空間や屋内では享受しにくいため，その代替として店内放送，BGM などにその店の位置情報を秘匿して配信することでチェックイン特典を与えるサービスが実用化されている[24], [25]。また，映画の音響トラックに時刻同期情報を秘匿しておき，観客が携帯端末にあらかじめインストールした専用アプリがコードを検出し，映画の内容と同期してイベントを起こす，または映画の音声トラックに同期して多言語に対応した字幕を手元に表示するなどの応用がなされている[26]。Evixar 社は，コンテンツ認識情報を音響信号に秘匿し，音響信号が元来備える音響特徴量または音響指紋とともに利用することで，より頑健なコンテンツ認識を可能とする技術を ACR (auto contents recognition) と称して SDK を提供している[27]。

　画像・映像系コードではカメラを対象に向け，場合によっては位置合わせが必要となるが，音信号による秘匿情報伝達ではマイクで受音するのみでよい，同時に大人数に対して情報伝達が可能である，という利点がある。また，Bluetooth などの無線ネットワークを用いたビーコンに比べ，伝達範囲を人間がその音を聴取できる範囲に限定できるなどの利点がある。一方で 6.2.1 項で述べたようなさまざまな妨害要因に対する耐性が明確になっていないのが現状である。今後はそのような妨害要因に対する耐性・検出性能をより明らかにしていくことが必要である。

　図 **6.2** に情報ハイディングによる情報の空間伝搬についてまとめておく。

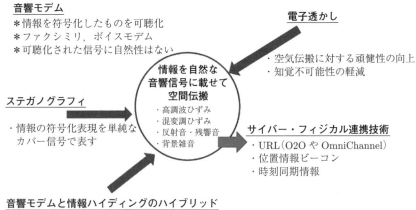

音響モデム
＊情報を符号化したものを可聴化
＊ファクシミリ，ボイスモデム
＊可聴化された信号に自然性はない

電子透かし
・空気伝搬に対する頑健性の向上
・知覚不可能性の軽減

情報を自然な音響信号に載せて空間伝搬
・高調波ひずみ
・混変調ひずみ
・反射音・残響音
・背景雑音

ステガノグラフィ
・情報の符号化表現を単純なカバー信号で表す

サイバー・フィジカル連携技術
・URL（O2O や OmniChannel）
・位置情報ビーコン
・時刻同期情報

音響モデムと情報ハイディングのハイブリッド
・ホスト信号の一部帯域を音響モデム帯域に入れ替え

図 **6.2**　情報ハイディングによる情報の空間伝搬とその応用

6.3　複数のステゴ信号の協調

　これまでの章で扱った音響情報ハイディングは，一つの音響コンテンツに対して，それと紐付けられる秘匿情報を埋め込み，検出するものであったが，本節では相異なる秘匿情報を埋め込んだ音響信号をおのおの別のチャネルを通じて伝送し，受信側でそれらを合成した際の秘匿情報の協調によって新たな情報を得る試みについて紹介する。

6.3.1　結 託 攻 撃
　同一のホスト信号に対して異なる秘匿情報を埋め込んだ複数のステゴ信号を集め，それらを合成（結託）することで，おのおののステゴ信号に含まれている秘匿情報を撹乱し，正常な検出が困難な新たな信号を再構成する攻撃が考えられている。この攻撃は，結託攻撃と呼ばれており，現在の音響情報ハイディングにおいては克服の難度が高い攻撃の一つである。結託の方法としては，時間領域での同期ミキシングが代表的であり，ステゴ信号中のホスト信号成分を強

調しつつ，秘匿情報埋め込みによる波形の変形を減衰させる効果がある。結託
攻撃への対策のアプローチとしては，結託が行われた際にホスト信号成分を著
しく劣化させてコンテンツ価値を無効化するような対策と，結託が行われた後
に結託に関わった秘匿情報をある程度検出，分離できるようにする対策とがあ
る。画像信号における情報ハイディングでは，スペクトル拡散法などの適用に
より，同期ミキシングによる結託に関わった結託者の特定をある程度可能とす
る研究[28]があり，音響信号においても基本的には同様であると考えられるが，
音響信号に対する情報ハイディングで実際に結託耐性を定量的に評価する検討
は進んでいない。また結託が行われた際にホスト信号を著しく劣化させるよう
な研究については，画像信号，音響信号ともに前例がほとんどないのが現状で
ある。

　一方，複数のステゴ信号の合成方法が既知である環境であれば，合成される
ことを前提とした秘匿情報の構成が可能である。すなわち，個々のステゴ信号
には無意味情報が埋め込まれるが，合成することによってはじめて，意味のあ
る情報の復元，または合成に関わる各ステゴ信号の寄与の度合いの取得が可能
となる技術が考えられる。

6.3.2　録音位置の推定

Nakashima らは，映画館での動画の再撮者の座席位置を再撮された動画の音
声から特定するために，音響情報ハイディングを利用している[29],[30]。室内の
既知の位置に配置されたスピーカの再生信号のそれぞれに，スピーカの数だけ
用意された擬似乱数系列（パッチ）をパッチワーク法[31]を用いて埋め込む。再
撮者が録音した信号は，各スピーカから発せられたステゴ信号が再撮者位置に
伝搬した信号の総和となる。この録音信号から各スピーカに起因するパッチを
検出し，その強さ，および時系列の遅れ時間から，各スピーカに対する再撮者
の録音位置を同定している。半径 8.8 m の円形ホールの実環境で前方，左右に
設置した 3 チャネルのスピーカを用いた実験の結果，円形ホール中心部 2 m 間
隔で配置した 16 箇所の録音位置の誤差は 0.44 m であると報告されている。

6.3.3 秘 密 分 散

6.2 節で取り上げた音響モデムは，ディジタル情報を音響信号で表現（符号化）して伝送するものであった。ここで伝送する信号を複数のチャネルに分散することを考えると，個々の一つの伝送チャネルだけでは情報の復元が不可能で，分散された複数のチャネルを集めることではじめて，情報が復元可能となる情報秘匿化ができる。このような情報の分散管理と合成処理による情報復元は，**秘密分散**（secret sharing）として知られている。

秘密分散は，Shamir[32] と Blankey[33] によって同時期に独立に提案された秘密情報の分散管理法であり，代表的な (k, n) 閾値秘密分散法では，秘密情報 S を n 個の分散情報（シェア）に分割する。n 個のうち任意の k 個以上のシェアが集められたときに秘密情報 S が復元でき，$(k-1)$ 個以下のシェアからは秘匿情報が漏れない。論理演算が可能な合成環境では理論的に実証されており，透過シートに印刷したシェア画像を用いて，シェア画像の重ね合わせにより秘密画像を視覚的に復元する**視覚秘密分散**（visual secret sharing）も提案されている。藤田らは，視覚秘密分散に着想を得て，1 ビットオーディオ信号の原音を複数の 1 ビットオーディオのシェア信号に分割する手法および音響的に自然性のあるシェア信号（デコイ音）に分割する手法[34] を開発している。合成復元の際には，すべてのシェア信号の符号列を重ね合わせることで排他的論理和をとり，ブロックごとの総和と閾値との比較によって 1 ビットオーディオ信号の原音を復元している。デコイ音によるシェア信号の生成は，1 ビットオーディオ信号における音響ステガノグラフィとして捉えることもできる。

音響波形のシェアの場合，収録時に透過的に合成されるため，波の重ね合わせによる干渉を利用したディジタル秘密情報の秘密分散伝送・合成による復号が可能である。$(2, 2)$ 閾値の音響秘密分散は，古くは 1940 年代の秘話音声通信手法 SIGSALY[35] が知られている。SIGSALY では，秘匿したい音声波形にノイズを重ねることで音声を秘話化し，レコードに収録する。同時に秘話化の際に重ねたノイズの逆位相波形もレコードに収録する。検出側では，これらの二つのレコードの信号を同期ミキシングすることで秘匿した音声波形を完全復

元している。片方のレコードのみからでは秘匿した音声波形は復元されない。
SIGSALY 以降，波の干渉を利用した音響秘密分散は，ビット列を秘匿情報と
する方式では $(2, n)$ 閾値[36), 37)]，音響信号を秘匿情報とする方式では $(2, n)$ 閾
値[38)]，(k, n) 閾値[39)] の手法が提案されている。これらの波の干渉を利用した実
現方式は合成，検出の際にシェア信号どうしの位相と振幅の精細な同期が必要
であり，空間伝搬による伝送，受音の場合には現実的には実現しえない。そこ
で，徳重らは秘匿信号を帯域分割して，一定時間間隔でシェアに含まれる帯域
をランダムに変化させる周波数ホッピングを利用した秘密分散法を提案してい
る[40)]。音声を秘匿信号としており，6 帯域に分割されたそれぞれの帯域信号を
0.1 秒周期で周波数ホッピングして六つのシェア信号に分散割り当てした結果，
原音声を既知の受聴者であっても三つ以上のシェアを集めない限り原音声を了
解できないと報告している。

　現状の音響秘密分散法は，秘匿したい音響信号を複数の無意味な音響信号に分
散管理する方法となっている。しかし，自然性のある有意味な音響信号によっ
て情報を分散管理する音響ステガノグラフィ技術としての展開も期待される。

引用・参考文献

1)　S. Chen and H. Leung：Artificial bandwidth extension of telephony speech by data hiding, IEEE International Symposium on Circuits and Systems, **4**, pp. 3151–3154 (2005)

2)　N. Aoki：A band extension technique for G.711 speech using steganography, IEICE Trans. Commun., **E89-B**, pp. 1896–1898 (2006)

3)　B. Geiser and P. Vary：Backwards Compatible Wideband Telephony in Mobile Networks: CELP Watermarking and Bandwidth Extension, IEEE Int. Conf. Acoust., Speech Signal Process., **IV**, pp. 533–536 (2007)

4)　P. Vary and B. Geiser：Steganographic Wideband Telephony Using Narrowband Speech Codecs, The Forty-First Asilomar Conf. Signals Syst. Comput. (ACSSC), pp. 1475–1479 (2007)

5)　A. Nishimura：Steganographic Band Width Extension for the AMR Codec

of Low-Bit-Rate Modes, Proc. Interspeech 2009, pp. 2611–2614 (2009)

6) 蘆原　郁, 桐生昭吾：周波数帯域の拡張に伴うスピーカの非線形歪の増加, 音響会誌, **56**, pp. 549–555 (2000)

7) S. J. Robert and C. Peter：A Hierarchical Approach to Archiving and Distribution, Audio Engineering Society Convention 137, 9178 (2014) http://www.aes.org/e-lib/browse.cfm?elib=17501.（2017 年 10 月現在）

8) 西村竜一, 薗田光太郎：制約条件・重み付き最小 2 乗法によるヘッドホン受聴を志向したサラウンド信号の再合成, 信学論 D, **J98-D**(10), pp. 1335–1343 (2015)

9) A. Nishimura：Data hiding for speech sounds using subband amplitude modulation robust against reverberations and background noise, IEEE Int. Conf. Intell. Inf. Hiding Multimedia Signal Process. (IIH-MSP2006), pp. 7–10 (2006)

10) A. Nishimura：Presentation of Information Synchronized with the Audio Signal Reproduced by Loudspeakers Using an AM-based Watermark, IEEE Int. Conf. Intell. Inf. Hiding and Multimedia Signal Process. (IIH-MSP2007), **2**, pp. 275–278 (2007)

11) A. Nishimura：Audio Data Hiding that is Robust with Respect to Aerial Transmission and Speech Codecs, Int. J. Innov. Comput. Inf. Control, **6**(3(B)), pp. 1389–1400 (2010)

12) 茂出木敏雄：音響空間のユビキタス化に向けた電子透かし埋込み容量の拡大技術, 電学論 C, **127**, pp. 1013–1021 (2007)

13) T. Modegi：Audio Watermarking Embedding Technique Applying Auditory Stream Segregation: Gencoder Mark, Able to Be Extracted by Mobile Phone, Proc. 3rd Int. Conf. Mobile Computing and Ubiquitous Networking, pp. 33–40 (2008)

14) T. Modegi：Spatial and Temporal Position Information Delivery to Mobile Terminals using Audio Watermarking Techniques, IEEE Int. Conf. Intell. Inf. Hiding and Multimedia Signal Process. (IIH-MSP2009), pp. 483–486 (2009)

15) Acoustic modems for ubiquitous computing: Cristina Videira Lopes and Pedro M.Q. Aguiar, IEEE Pervasive Comput., **2**(3), pp. 62–71 (2003)

16) T. Munekata, T. Yamaguchi, H. Handa, R. Nishimura, and Y. Suzuki：A portable acoustic caption decoder using IH technique for enhancing lives

of the people who are deaf or hard-of-hearing – System configuration and robustness for airborne sound –, Proc. IEEE Int. Conf. Intell. Inf. Hiding Multimedia Process. (IIH-MSP2007), pp. 406–409 (2007)

17) A. Nishimura：Aerial acoustic modem that is suitable to decode using a CELP-based speech encoder, Proc. Int. Conf. Intell. Inf. Hiding Multimedia Signal Process. (IIH-MSP2010), pp. 514–517 (2010)

18) K. Sonoda, K. Yoshioka, and O. Takizawa：Information Hiding for Public Address Audio Signal using FH/FSK Spread-spectrum Scheme, Proc. IEEE Int. Conf. Int. Inf. Hiding Multimedia Process. (IIH-MSP2007), pp. 279–282 (2007)

19) 松岡保静：音響データ通信技術—音響 OFDM—, 音響会誌, **68**(3), pp. 143–147 (2012)

20) H. Matsuoka, Y. Nakashima, and T. Yoshimura：Acoustic OFDM System and Performance Analysis, IEICE Trans. fundamentals, **E91-A**(7), pp. 1652–1658 (2008)

21) YAMAHA 株式会社：音を使った新しい情報発信 INFOSOUND
http://research.yamaha.com/network/infosound/（2017 年 10 月現在）

22) 大日本印刷株式会社：QUEMA for Smartphone
http://www.quema.info/（2017 年 10 月現在）

23) Digimarc Inc.：Digimarc Barcode for Audio
https://www.digimarc.com/support/digimarc-discover/
digimarc-barcodes-for-audio/（2017 年 10 月現在）

24) NTT DoCoMo：Air Stamp – エアスタンプ
http://www.airStamp.jp/（2016 年 10 月現在）

25) KDDI 株式会社：音声によるデータ通信や位置推定を実現する「サウンドビット」
http://time-space.kddi.com/interview/technology/20140808/（2017 年 10 月現在）

26) Palabra Inc.：「音声透かし」と「フィンガープリント」による完全同期
http://udcast.net/technology.html（2017 年 10 月現在）

27) Evixar Inc.：ソリューション
http://www.evixar.com/solutiontop/（2017 年 10 月現在）

28) 栗林　稔：電子指紋符号の平均化攻撃に対する簡略化追跡アルゴリズム（電子透かし）, 信学技報, EMM, **113**(480), pp. 93–98 (2014)

29) Y. Nakashima, R. Kaneko, N. Babaguchi：Indoor Positioning System Using

Digital Audio Watermarking, IEICE Trans. Inf. Syst., **94**(11), pp. 2201–2211 (2011)

30)　Y. Nakashima, R. Tachibana, N. Babaguchi：Watermarked movie soundtrack finds the position of the camcorder in a theater, IEEE Trans. Multimedia, **11**(3), pp. 443–454 (2009)

31)　R. Tachibana, S. Shimizu, S. Kobayashi, and T. Nakamura：An audio watermarking method using a two-dimensional pseudo-random array, Signal Process., **82**(10), pp. 1455–1469 (2002)

32)　A. Shamir：How to Share a Secret, Communications of ACM, **22**(11), pp. 612–613 (1979)

33)　G. R. Blakley：Safeguarding cryptographic keys, Proc. AFIPS 1979 Nat. Computer Conf., **48**, pp. 313–317 (1979)

34)　藤田倫弘，西村竜一，鈴木陽一：1 ビットオーディオ音響秘密分散法における分散情報の有意味音化 (聴覚・信号処理/一般)，信学技報，EA，応用音響，**104**(246)，pp. 13–18 (2004)

35)　M. Sidney：A history of engineering and science in the Bell system, AT & T Bell Laboratories, pp. 296–317 (1984)

36)　Y. Desmedt, S. Hou, and J.-J. Quisquater：Audio and optical cryptography, International Conference on the Theory and Application of Cryptology and Information Security, pp. 392–404 (1998)

37)　C.-C. Lin, C.-S. Laih, and C.-N. Yang：New audio secret sharing schemes with time division technique, J. Inf. Sci. Eng., **19**(14), pp. 605–614 (2005)

38)　Y. Desmedt, T. V. Le, and J.-J. Quisquater：Nonbinary audio cryptography, International Workshop on Information Hiding, pp. 478–489 (1999)

39)　M. Ehdaie, T. Eghlidos, and M. R. Aref：A novel secret sharing scheme from audio perspective, Telecommunications 2008 (IST 2008), International Symposium, pp. 13–18 (2008)

40)　徳重佑樹，三澤裕人，吉田文晶，上床昌也，岩本　貢，太田和夫：物理的復元が容易な音響秘密分散法，信学技報，**115**(38)，pp. 75–80 (2015)

41)　西村康孝，田坂和之，吉原貴仁：音波を使った携帯通信端末間の方向推定方式，信学論 B，通信，**95**(11)，pp. 1404–1413 (2012)

42)　M. Naor and A. Shamir：Visual cryptography, Workshop on the Theory and Application of of Cryptographic Techniques, pp. 1–12 (1994)

索　　　引

【あ】

暗号化　　　　　　　　118

【い】

位相偏移変調　　　　　92

【え】

エコー検知限　　　　　98
エコー知覚　　　　　　97
エンリッチメント　　　141

【お】

オクターブ類似性　82, 89
音
　——の大きさ　　　80
　——の高さ　　　　80
音響 OFDM　　　　　149
音　質　　　　117, 120
音声符号化方式　　　57
音脈分凝　　　　　　85

【か】

可逆電子透かし　13, 44
蝸牛遅延　　　　　109
可聴域　　　　　　79
可変レート音響情報
　ハイディング技術　127
頑健性　　　　　　16

【き】

基準音　　　　　121
疑似乱数　　　　　92

基本的な頑健性テスト　128
逆離散 Fourier 変換　100
客観音質　　　　　120
客観評価　　　　　120
逆向性マスキング　　83
キャリア信号　　　　5
共変調マスキング解除
　　　　　　　86, 103
共役ミラーフィルタ　51

【く】

空間知覚における
　マスキング解除　　87

【け】

継時マスキング　　　83
結託攻撃　　　　　20

【こ】

攻　撃　　　　　9, 19
攻撃耐性　　　　9, 117
合成による分析　　　59
高度頑健性テスト　128
興奮性マスキング　　83
誤検出率　　　　22, 119
固定符号帳　　　　63

【さ】

最下位ビット　　11, 31
最小可聴角度　　　87

【し】

視覚秘密分散　　　153

時間的変調伝達関数　102
時間同期　　　　　123
指　紋　　　　　　29
修正離散コサイン変換　51
周波数偏移変調　　　92
周波数ホッピング方式　92
主観音質　　　　　120
主観評価　　　　　120
順向性マスキング　　83
情報ハイディング　　2
処理量　　　　　118
心理音響モデル　　96

【す】

スカラ量子化　　　31
スクランブリング　118
ステガナリシス　　10
ステガノグラフィ 4, 10, 118
ステガノグラフィック
　音響モデル　　　148
スペクトル拡散　　92
スペクトル拡散法　126
スペクトルの手がかり　87

【せ】

線形予測　　　　59
線形量子化　　　32
先行音効果　　　97
線スペクトル対　　59
選択的 LSB 置換法　37

【た】

帯域拡張　　　　142

ダイオティック受聴　　86
ダイコティック受聴　　86
代数符号帳　　63

【ち】

知覚不可能性　　16, 117
聴覚情景分析　　84
聴覚特性　　120
聴覚フィルタ　　123
聴覚モデル　　120
直接拡散方式　　92

【て】

ディザ　　43
ディジタルサイネージ　　125
適応的 LSB 置換法　　37
適応符号帳探索　　63
電子透かし　　4, 8

【と】

同　期　　18
同時マスキング　　83
等ラウドネスレベル曲線　　81

【に】

日本音楽著作権協会　　134

【ね】

音　色　　80

【の】

野村総合研究所　　135

【は】

ハイレゾ音源　　143

【ひ】

非線形量子化　　32
秘匿情報量　　118
秘匿性　　16, 118
秘密鍵　　5
秘密分散　　153
評価音源　　118

【ふ】

符号励振線形予測　　57
フラジャイル電子透かし
　　9, 118
分割ベクトル量子化　　62

【へ】

ペイロード　　17
変調検知干渉　　103

【ほ】

保安性　　118

【ま】

マスキング　　83
　　——の上方への広がり　　84

【み】

ミッシング
　ファンダメンタル　　81

【め】

メタデータ　　125

【よ】

抑圧性マスキング　　83

【り】

離散 Fourier 変換　　100
量子化　　31
量子化インデックス変調　　41
両耳間時間差　　87
両耳間レベル差　　87
両耳受聴マスキング
　レベル差　　87

【れ】

レベル等化　　123

【ろ】

ロバスト電子透かし　　9

【A】

AAC　　57, 59, 121
ACR　　150
ADPCM　　58
AMR　　57, 59
AMR-NB　　59
AMR-WB　　59
APQ　　70

【B】

BIEM　　135

【C】

CISC　　134

【E】

EFR　　60

【G】

GSM　　60

【I】

IHC　　136

【L】

LD-CELP　　59
LSB　　11, 88
LSB 置換法　　31

【M】

MOS-LQO　68
MP3　50
MQA　143
MUSHRA　121

【O】

objective difference
　grade　123
OFDM　149

【P】

PCP　70

PEAQ　123
PEMO-Q　124
POLQA　125

【Q】

QUEMA　150

【R】

RWC　119

【S】

SDMI　25, 133
SDMI チャレンジ　134
SMBA　130

SQAM　119
STEP2000　25, 135
STEP2001　25, 135
Stirmark　130

【V】

VSELP　59

【W】

Wavelet 変換　51

【数字】

3 刺激 2 重盲検法　121

―― 著 者 略 歴 ――

鵜木　祐史（うのき　まさし）
1994年　職業能力開発大学校情報工学科卒業
1996年　北陸先端科学技術大学院大学情報科学
　　　　研究科博士前期課程修了（情報処理学
　　　　専攻）
1998年　日本学術振興会特別研究員
1999年　北陸先端科学技術大学院大学情報科学
　　　　研究科博士後期課程修了（情報処理学
　　　　専攻）
　　　　博士（情報科学）
1999年　株式会社 ATR 人間情報通信研究所客
　　　　員研究員
2000年　ケンブリッジ大学（英国）客員研究員
2001年　北陸先端科学技術大学院大学助手
2005年　北陸先端科学技術大学院大学助教授
2007年　北陸先端科学技術大学院大学准教授
2016年　北陸先端科学技術大学院大学教授
　　　　現在に至る

伊藤　彰則（いとう　あきのり）
1986年　東北大学工学部通信工学科卒業
1988年　東北大学大学院工学研究科博士前期課
　　　　程修了（情報工学専攻）
1991年　東北大学大学院工学研究科博士後期課
　　　　程修了（情報工学専攻）
　　　　工学博士
1991年　東北大学助手
1995年　山形大学講師
1999年　山形大学助教授
2002年　東北大学助教授
2007年　東北大学准教授
2010年　東北大学教授
　　　　現在に至る

近藤　和弘（こんどう　かずひろ）
1982年　早稲田大学理工学部電子通信学科卒業
1984年　早稲田大学大学院理工学研究科修士課
　　　　程修了（電気工学専攻）
1984年　株式会社日立製作所中央研究所所員，
　　　　研究員
1992年　株式会社テキサス・インスツルメンツ
　　　　筑波研究開発センター研究員
1995年　Texas Instruments Inc. DSP
　　　　R&D Center Researcher, Mem-
　　　　ber of Technical Staff
1998年　博士（工学）（早稲田大学）
1999年　山形大学助教授
2007年　山形大学准教授
2015年　山形大学大学院教授
　　　　現在に至る

西村　竜一（にしむら　りょういち）
1993年　東北大学工学部情報工学科卒業
1995年　東北大学大学院情報科学研究科博士前
　　　　期課程修了（システム情報科学専攻）
1998年　東北大学大学院情報科学研究科博士後
　　　　期課程修了（システム情報科学専攻）
　　　　博士（情報科学）
1998年　株式会社 ATR 知能映像通信研究所客
　　　　員研究員
2000年　東北大学助手
2004年　東北大学助教授
2006年　国立研究開発法人情報通信研究機構（旧
　　　　独立行政法人情報通信研究機構）研究員
　　　　現在に至る

西村　明（にしむら　あきら）
1990年　九州芸術工科大学音響設計学科卒業
1992年　九州芸術工科大学大学院芸術工学研究
　　　　科修士課程修了（情報伝達専攻）
1996年　九州芸術工科大学大学院芸術工学研究
　　　　科博士後期課程単位取得満期退学（情
　　　　報伝達専攻）
1996年　東京情報大学助手
2006年　東京情報大学助教授
2007年　東京情報大学准教授
2011年　博士（芸術工学）（九州大学）
2012年　東京情報大学教授
　　　　現在に至る

薗田　光太郎（そのだ　こうたろう）
2000年　東北大学工学部情報工学科卒業
2002年　東北大学大学院情報科学研究科博士前
　　　　期課程修了（システム情報科学専攻）
2005年　東北大学大学院情報科学研究科博士後
　　　　期課程修了（システム情報科学専攻）
　　　　博士（情報科学）
2005年　国立研究開発法人情報通信研究機構（旧
　　　　独立行政法人情報通信研究機構）研究員
2009年　長崎大学助教
2011年　長崎大学大学院助教
　　　　現在に至る

音響情報ハイディング技術
Information Hiding Technology for Audio Signals

© 一般社団法人 日本音響学会 2018

2018 年 3 月 30 日　初版第 1 刷発行

検印省略	編　者	一般社団法人 日本音響学会
	発 行 者	株式会社　コロナ社
		代 表 者　牛来真也
	印 刷 所	三美印刷株式会社
	製 本 所	牧製本印刷株式会社

112-0011　東京都文京区千石 4-46-10
発 行 所　株式会社　コロナ社
CORONA PUBLISHING CO., LTD.
Tokyo Japan
振替 00140-8-14844 ・ 電話 (03) 3941-3131(代)
ホームページ　http://www.coronasha.co.jp

ISBN 978-4-339-01135-7　C3355　Printed in Japan

(三上)

「音響学」を学ぶ前に読む本

坂本真一, 蘆原　郁 共著
A5判／190頁／本体2,600円

言語聴覚士系，メディア・アート系，音楽系などの学生が
「既存の教科書を読む前に読む本」を意図した。数式を極
力使用せず，「音の物理的なイメージを持つ」「教科書を
読むための専門用語の意味を知る」ことを目的として構成
した。

音響学入門ペディア

日本音響学会 編
A5判／206頁／本体2,600円

研究室に配属されたばかりの初学者が，その分野では日常
的に使われてはいるが理解が難しい事柄に関して，先輩が
後輩に教えるような内容を意図している。書籍の形式とし
ては，Ｑ＆Ａ形式とし，厳密性よりも概念の習得を優先し
ている。

音響キーワードブック―DVD付―

日本音響学会 編
A5判／494頁／本体13,000円

音響分野にかかわる基本概念，重要技術についての解説集
（各項目見開き2ページ，約230項目）。例えば卒業研究
を始める大学生が，テーマ探しや周辺技術調査として，項
目をたどりながら読み進めて理解が深まるように編集した。

定価は本体価格+税です。
定価は変更されることがありますのでご了承下さい。　　　〜〜〜〜〜〜〜〜〜〜〜　図書目録進呈◆

音響入門シリーズ

(各巻A5判，CD-ROM付)

■日本音響学会編

	配本順				頁	本体
A-1	(4回)	音響学入門	鈴木・赤木・伊藤 佐藤・苣木・中村	共著	256	3200円
A-2	(3回)	音の物理	東山三樹夫	著	208	2800円
A-3	(6回)	音と人間	平原・宮坂 蘆原・小澤	共著	270	3500円
A-4	(7回)	音と生活	橘・田中・上野 横山・船場	共著	192	2600円
A		音声・音楽とコンピュータ	誉田・足立・小林 小坂・後藤	共著		
A		楽器の音	柳田益造	編著		
B-1	(1回)	ディジタルフーリエ解析(I) ―基礎編―	城戸健一	著	240	3400円
B-2	(2回)	ディジタルフーリエ解析(II) ―上級編―	城戸健一	著	220	3200円
B-3	(5回)	電気の回路と音の回路	大賀寿郎 梶川嘉延	共著	240	3400円

(注：Aは音響学にかかわる分野・事象解説の内容，Bは音響学的な方法にかかわる内容です)

音響工学講座

(各巻A5判，欠番は品切です)

■日本音響学会編

	配本順				頁	本体
1.	(7回)	基礎音響工学	城戸健一	編著	300	4200円
3.	(6回)	建築音響	永田穂	編著	290	4000円
4.	(2回)	騒音・振動(上)	子安勝	編	290	4400円
5.	(5回)	騒音・振動(下)	子安勝	編著	250	3800円
6.	(3回)	聴覚と音響心理	境久雄	編著	326	4600円
8.	(9回)	超音波	中村僖良	編	218	3300円

定価は本体価格+税です。
定価は変更されることがありますのでご了承下さい。

‖‖‖‖‖‖‖‖‖‖‖‖‖‖‖‖‖‖‖ 図書目録進呈◆

音響サイエンスシリーズ

（各巻A5判）

■日本音響学会編

			頁	本体
1.	音色の感性学 —音色・音質の評価と創造— —CD-ROM付—	岩宮 眞一郎編著	240	3400円
2.	空間音響学	飯田一博・森本政之編著	176	2400円
3.	聴覚モデル	森 周司・香田 徹編	248	3400円
4.	音楽はなぜ心に響くのか —音楽音響学と音楽を解き明かす諸科学—	山田真司・西口磯春編著	232	3200円
5.	サイン音の科学 —メッセージを伝える音のデザイン論—	岩宮 眞一郎著	208	2800円
6.	コンサートホールの科学 —形と音のハーモニー—	上野 佳奈子編著	214	2900円
7.	音響バブルとソノケミストリー	崔 博坤・榎本尚也 原田久志・興津健二編著	242	3400円
8.	聴覚の文法 —CD-ROM付—	中島祥好・佐々木隆之 上田和夫・G.B.レメイン共著	176	2500円
9.	ピアノの音響学	西口 磯春編著	234	3200円
10.	音場再現	安藤 彰男著	224	3100円
11.	視聴覚融合の科学	岩宮 眞一郎編著	224	3100円
12.	音声は何を伝えているか —感情・パラ言語情報・個人性の音声科学—	森 大毅・川 喜久雄 前粕 谷英 樹共著	222	3100円
13.	音と時間	難波 精一郎編著	264	3600円
14.	FDTD法で視る音の世界 —DVD付—	豊田 政弘著	258	3600円
15.	音のピッチ知覚	大串 健吾著	222	3000円
16.	低周波音 —低い音の知られざる世界—	土肥 哲也編著	208	2800円
17.	聞くと話すの脳科学	廣谷 定男編著	256	3500円
18.	音声言語の自動翻訳 —コンピュータによる自動翻訳を目指して—	中村 哲編著		近刊

以下続刊

実験音声科学 —音声事象の成立過程を探る—	本多 清志著		水中生物音響学 —声で探る行動と生態—	赤松 友成 市川光太郎共著 木村 里子
コウモリの声と耳の科学	力丸 裕著		子どもの音声	麦谷 綾子編著
笛はなぜ鳴るのか —CD-ROM付—	足立 整治著		生体組織の超音波計測	松川 真美編著
補聴器 —知られざるウェアラブルマシンの世界—	山口 信昭編著			

定価は本体価格+税です。

定価は変更されることがありますのでご了承下さい。

図書目録進呈◆

音響テクノロジーシリーズ

（各巻A5判，欠番は品切です）

■日本音響学会編

			頁	本体
1.	音のコミュニケーション工学 ―マルチメディア時代の音声・音響技術―	北脇信彦編著	268	3700円
3.	音の福祉工学	伊福部 達著	252	3500円
4.	音の評価のための心理学的測定法	難波精一郎 桑野園子共著	238	3500円
5.	音・振動のスペクトル解析	金井 浩著	346	5000円
7.	音・音場のディジタル処理	山﨑芳男 金田 豊編著	222	3300円
8.	改訂 環境騒音・建築音響の測定	橘 秀樹 矢野博夫共著	198	3000円
9.	新版 アクティブノイズコントロール	西村正治・宇佐川毅 伊勢史郎・梶川嘉延共著	238	3600円
10.	音源の流体音響学 ―CD-ROM付―	吉川 茂 和田 仁編著	280	4000円
11.	聴覚診断と聴覚補償	舩坂宗太郎著	208	3000円
12.	音環境デザイン	桑野園子編著	260	3600円
13.	音楽と楽器の音響測定 ―CD-ROM付―	吉川 茂 鈴木英男編著	304	4600円
14.	音声生成の計算モデルと可視化	鏑木時彦編著	274	4000円
15.	アコースティックイメージング	秋山いわき編著	254	3800円
16.	音のアレイ信号処理 ―音源の定位・追跡と分離―	浅野 太著	288	4200円
17.	オーディオトランスデューサ工学 ―マイクロホン、スピーカ、イヤホンの基本と現代技術―	大賀寿郎著	294	4400円
18.	非線形音響 ―基礎と応用―	鎌倉友男編著	286	4200円
19.	頭部伝達関数の基礎と 3次元音響システムへの応用	飯田一博著	254	3800円
20.	音響情報ハイディング技術	鵜木祐史・西村竜一 伊藤彰則・西村明共著 近藤和弘・薗田光太郎	172	2700円
21.	熱音響デバイス	琵琶哲志著	近刊	
22.	音声分析合成	森勢将雅著	近刊	

以 下 続 刊

物理と心理から見る音楽の音響	三浦雅展編著	超音波モータ	青柳 学 黒澤 実共著 中村健太郎
建築におけるスピーチプライバシー ―その評価と音空間設計―	清水 寧編著	弾性波・圧電型センサ	近藤 淳 工藤すばる共著
聴覚の支援技術	中川誠司編著	聴覚・発話に関する脳活動観測	今泉 敏編著

定価は本体価格+税です。
定価は変更されることがありますのでご了承下さい。

図書目録進呈◆